世界五千年
科技故事丛书

卢嘉锡题

世界五千年科技故事丛书

席卷全球的世纪波

计算机研究发展的故事

丛书主编　管成学　赵骥民

编著　潘守杰

吉林出版集团　吉林科学技术出版社

图书在版编目（CIP）数据

席卷全球的世纪波：计算机研究发展的故事 / 管成学，
赵骥民主编. -- 长春：吉林科学技术出版社，2012.10（2022.1重印）
ISBN 978-7-5384-6146-6

Ⅰ.① 席… Ⅱ.① 管… ② 赵… Ⅲ.① 电子计算机－研究进展
－世界－普及读物 Ⅳ.① TP3-11

中国版本图书馆CIP数据核字（2012）第156364号

席卷全球的世纪波：计算机研究发展的故事

主　　编	管成学　赵骥民
出 版 人	宛　霞
选题策划	张瑛琳
责任编辑	张胜利
封面设计	新华智品
制　　版	长春美印图文设计有限公司
开　　本	640mm×960mm　1 / 16
字　　数	100千字
印　　张	7.5
版　　次	2012年10月第1版
印　　次	2022年1月第4次印刷

出　　版　吉林出版集团
　　　　　　吉林科学技术出版社
发　　行　吉林科学技术出版社
地　　址　长春市净月区福祉大路 5788 号
邮　　编　130118
发行部电话 / 传真　0431-81629529　81629530　81629531
　　　　　　　　　　81629532　81629533　81629534
储运部电话　0431-86059116
编辑部电话　0431-81629518
网　　址　www.jlstp.net
印　　刷　北京一鑫印务有限责任公司

书　　号　ISBN 978-7-5384-6146-6
定　　价　33.00元

序　言

十一届全国人大副委员长、中国科学院前院长、两院院士

放眼21世纪，科学技术将以无法想象的速度迅猛发展，知识经济将全面崛起，国际竞争与合作将出现前所未有的激烈和广泛局面。在严峻的挑战面前，中华民族靠什么屹立于世界民族之林？靠人才，靠德、智、体、能、美全面发展的一代新人。今天的中小学生届时将要肩负起民族强盛的历史使命。为此，我们的知识界、出版界都应责无旁贷地多为他们提供丰富的精神养料。现在，一套大型的向广大青少年传播世界科学技术史知识的科普读物《世

界五千年科技故事丛书》出版面世了。

由中国科学院自然科学研究所、清华大学科技史暨古文献研究所、中国中医研究院医史文献研究所和温州师范学院、吉林省科普作家协会的同志们共同撰写的这套丛书，以世界五千年科学技术史为经，以各时代杰出的科技精英的科技创新活动作纬，勾画了世界科技发展的生动图景。作者着力于科学性与可读性相结合，思想性与趣味性相结合，历史性与时代性相结合，通过故事来讲述科学发现的真实历史条件和科学工作的艰苦性。本书中介绍了科学家们独立思考、敢于怀疑、勇于创新、百折不挠、求真务实的科学精神和他们在工作生活中宝贵的协作、友爱、宽容的人文精神。使青少年读者从科学家的故事中感受科学大师们的智慧、科学的思维方法和实验方法，受到有益的思想启迪。从有关人类重大科技活动的故事中，引起对人类社会发展重大问题的密切关注，全面地理解科学，树立正确的科学观，在知识经济时代理智地对待科学、对待社会、对待人生。阅读这套丛书是对课本的很好补充，是进行素质教育的理想读物。

读史使人明智。在历史的长河中，中华民族曾经创造了灿烂的科技文明，明代以前我国的科技一直处于世界领先地位，涌现出张衡、张仲景、祖冲之、僧一行、沈括、郭守敬、李时珍、徐光启、宋应星这样一批具有世界影响的科学家，而在近现代，中国具有世界级影响的科学家并不多，与我们这个有着13亿人口的泱泱大国并不相称，与世界先进科技水平相比较，在总体上我国的科技水平还存在着较大差距。当今世界各国都把科学技术视为推动社会发展的巨大动力，把培养科技创新人才当做提高创新能力的战略方针。我国也不失时机地确立了科技兴国战略，确立了全面实施素质教育，提高全民素质，培养适应21世纪需要的创新人才的战略决策。党的十六大又提出要形成全民学习、终身学习的学习型社会，形成比较完善的科技和文化创新体系。要全面建设小康社会，加快推进社会主义现代化建设，我们需要一代具有创新精神的人才，需要更多更伟大的科学家和工程技术人才。我真诚地希望这套丛书能激发青少年爱祖国、爱科学的热情，树立起献身科技事业的信念，努力拼搏，勇攀高峰，争当新世纪的优秀科技创新人才。

目　录

电脑巨人比尔·盖茨

  电子计算机是人类智慧的结晶，它像一道强烈的核冲击波，震撼了20世纪后半个世纪，它像一道耀眼的光环，必将照亮21世纪，照亮人类科技文明的前进方向。50年的发展历程，那些知名的和不知名的科学家和技术专家，流淌过多少苦涩和甘甜交织的汗水，他们用智慧的双手制造了与人脑功能相似的、能帮助人们思维的、处理"信息"的机器。从远古人类祖先用自己的手指做计算工具，到现代高速运行的电子计算机，人类在计算的道路上洒下了多少汗水，才浇灌和培育出这智慧的花朵。

  在电子计算机问世半个世纪的前夕，美国拉斯维加斯盛况空前。这个美国最豪华、最奢侈的城市，即将举行世界上最大规模的计算机产品展示会，为全世界各行各业的人提供一个参观、洽谈、了解电脑产品最新动向的机会。拉斯维加斯，这座在沙漠上建筑起来的城市具有梦幻般的美丽和想象不到的豪华。这里有全世界最豪华的酒店，有全世界设计最大、最好的广告牌。全世界与计算机有关的著名厂商和公司，拿着他们的拳头产品，拿着他们的最新设计来到这里，在这里竖起了他们大幅的广告招牌。许许多多的电脑迷涌到这里，来捕捉计算机领域最新的信息，来了解电脑应用的最新成果，来展望计算机发展的新动向。全世界著名的电脑公司的总裁、董事长、总经理们也来到这里，带来了他们的信心和他们的勇气，他们将在这里挑起下一轮电脑发展和竞争的硝烟战火。他们之中有：IBM总裁格士特纳、微软公司（Microsoft）总裁比尔·盖茨、Novell总裁费肯伯格……

1995年11月13日，盛况空前的电脑展示会在阿拉丁酒店的大剧场拉开了帷幕。人们穿着节日的盛装，拥进了装饰豪华、座位舒适、灯光柔和、音响清晰、显示屏幕巨大，可以容纳15 000人的大会场，来聆听今年最有成绩，在电脑界最有影响的头号电脑巨人们的讲话。开幕式上，第一个出场的是一位身着笔挺的深色西装的中年男子，他精神饱满、信心十足，迈着稳健的步伐微笑着向大家走来。他叫比尔·盖茨，美国微软公司首席执行总裁和董事会主席，世界上最有影响的电脑企业家。他微笑着说道：

"女士们，先生们，朋友们：今天是值得庆祝的一天，首先是微软公司迎来了它的20岁生日，其次是我迈入了不惑之年。

这20年来，我一直带领着微软员工在电脑界奋斗，倾尽了我全部的心血。记得创业之初，我还是个血气方刚的小伙子，一无所有，连出租车的费用都付不起，在像点样的酒吧开个招待会更是天方夜谭。

现在不同了，通过了20年的努力，我不仅有了自己的产业，更重要的是我们已将电子计算机技术推向了世界的各个角落……

下面我想顺便问一下，在座诸位之中还有没有未听说过DOS、Windows的？有没有小朋友不了解电子计算机是干什么的？"

全场一片笑声。大家用笑声回答了比尔·盖茨的幽默，也表达了对这位在电脑界奋斗了20年，将电脑技术推向一个又一个高度的权威人物的敬意。

比尔·盖茨从十几岁起，就对电子计算机产生了浓厚的兴趣。20岁时，他与几位志同道合的年轻朋友，靠着顽强的毅力和坚定的信念，白手起家，创办了微软公司（Microsoft）。20年来，他们艰苦奋斗，锐意创新，使微软公司迅猛发展，几乎垄断了全世界计算机操作系统的软件；著名的DOS、Windows等软件就是微软公司研制出来的产品。在美国甚至有人说，盖茨的影响要超过克林顿总统，因为一旦他的DOS和Windows停止正常运转，美国顿时就会陷入灾难中。1995年，微软公司的股票上升到每股130美元，盖茨以拥有129亿美元的资产跃居民办企业首富，年仅44岁的盖茨，财富已达到730亿美元，并且仍在不断增长，继续稳居世界首富，成为当今世界电脑界的头号巨人。一个没有一点资产的年轻人，20年后取得如此的佳绩，靠的是什么？靠的是拼搏奋斗、艰苦劳动；靠的是渊博的知识和敏锐的洞察力；靠的是电脑技术！难怪今天他向人们发问：你了解电子计算机吗？

电脑——人脑机能的延长

电子计算机也叫电脑，因为它是人脑某些功能的延长，如记忆、判断、计算等能力。目前世界上最先进的计算机每秒钟能做100亿次运算，这绝非人力可及。

圆周率π（3.1 415 926<π<3.1 415 927）是中国古代科学家祖冲之在1500年以前计算发现的。在祖冲之死去1000多年以后，一位名叫鲁道夫的德国人，花了毕生精力将π值精确到35位数。1615年当他去世后，人们在墓碑上用这35位数代替了他的名字，以纪念他的丰功伟绩。后来法国人威廉·谢克斯在前人的基础上，又用了15年的时间将π值精确到707位，这是靠人力计算所达到的最高纪录。1946

年世界上第一台电子计算机问世，它只用了70小时将π值计算到2 035位，而且仅用了40秒的时间，就发现谢克斯计算的π值，从第528位开始全都错了。如果用现代最先进的电子计算机，可以在瞬间就能达到这样的结果。

电子计算机这种高速运算的能力可以帮助人们在短时间内做出许多精确的判断，从而把握时机，提高效率。

现代战争中，导弹是最有攻击力的武器之一，有些射程在1 000千米以上的导弹，速度几倍于音速，其核弹头的当量在10万吨级以上，即爆炸威力相当于10万吨以上的TNT炸药。尤其是多弹头导弹，其中有些是假弹头，敌方用虚虚实实、真真假假不易分辨的手段达到进攻目标的目的。为了保家卫国，在国防军事设施上都安装了配有电子计算机的反导弹系统。它们是由雷达、电子计算机、拦截导弹等组成的网络系统。在几分钟内远程雷达发现进攻的敌目标，将信息及数据通知计算机，计算机在急速处理众多数据后，能从真假弹头混杂在一起的许多目标中，识别出真弹头，并计算出它的飞行轨道，然后命令拦截导弹升空并时时控制拦截导弹的飞行方向，使它在敌导弹弹头到达地面以前，在空中销毁它。在这极短的时间内，想要对众多数据进行复杂的方程式计算，这就必须依靠高速准确的计算工具——电子计算机。

在海湾战争中，伊拉克的苏制"飞毛腿"导弹构成对多国部队的威胁。美国搬出了"爱国者"导弹予以对抗，连续拦截住了十几个"飞毛腿"的进攻。美国借助36 000千米上空的"国防通信卫星"，对伊拉克全境进行监控扫描，如果发现有火箭发射的红外热源，卫星则将信号传送到设在澳大利亚的艾丽斯普林斯空军基地的卫星地面接收站，电脑对信号进行几秒钟的初步处理（筛选），把经过处理的信号及时传输到美国本土科罗拉多州的北美防空司令部的巨型电脑，再经过巨型电脑一分钟处理、分析，若确定是"飞毛腿"导弹的发射火焰，当即算出"飞毛腿"导弹的飞行轨道，并且对海湾地区某一"爱国者"导弹基地下达升空还击命令，待这命令传输到海湾，有效作战时间仅剩下一两分钟了。

电脑的用途远不止于军事，上述只是举例说明。自动控制、组织管理、规划决策、辅助学习等等，都需要电脑参与。世界较发达的国家，电子计算机已经渗透到各个领域，以致我们无法想象，一旦失去了电子计算机，现代世界将会是个什么样子。

古人的遗憾与梦想

　　繁琐冗长的计算常常给人们带来烦恼和遗憾，有时甚至由于弄不清某个大数值的真正含义，而使自己处境尴尬。

　　古印度有一位将娱乐看成是天下第一大事的国王。当他玩遍了当时所有的游戏之后，还觉得很不尽兴，命令臣民多多发明供他娱乐的游戏器具。大臣达依尔打算先取得国王的信任，然后再劝谏他专心朝政，冥思苦想了许久，发明了一种新的游戏器具——国际象棋。达依尔将象棋奉献给国王，国王喜形于色，越玩越高兴，立即下旨奖赏爱臣达依尔。

　　一日早晨，国王当着满朝文武大臣的面对达依尔说：

"达依尔，我忠实的仆人，你献上来的象棋我十分珍爱。为此，我决定重重赏你。这样吧，你有什么愿望尽管开口，我一定满足你。"

达依尔决定借此机会规劝这位轻浮的国王。他匍匐在地卑恭地说："尊敬的陛下，对于您的恩赐我万分感激。如果您允许的话，请让我以自己的方式要一点麦子。"

国王听了他的话感到奇怪，心想，"我有那么多的金银、珠宝、美女、官爵他都不要，却要什么麦子，该不是穷得没有饭吃了吧？"国王笑道："好吧，说说你的要求！"

达依尔指着面前的象棋棋盘说："请您在棋盘的第一个小格内放1粒麦子，第二个小格里放2粒麦子，第三个小格里放4粒麦子，第四个小格里放8粒麦子……依此类推，每小格放的麦子都要比前一小格里的麦子粒数增加一倍，当64个小格都摆满完，这些麦子就算赏给微臣了。"

国王听后轻松地说："达依尔，你的要求并不过分，我一定满足你的要求。来人！抬上麦子，为我忠实的仆人数好他要的麦粒。"

计数工作开始了。棋盘的第一格里放一粒麦子，第二格里放2粒麦子，第三格里放2^2粒麦子……还不到20个格，一袋麦子就用光了。以后的数量更惊人，一袋袋麦子从国王的面前抬过，一仓仓麦子被取空，可还远远满足不了达依尔的要求。棋盘就像一个贪婪的大口，吞食着国王的麦子，国王大惊失色。

原来达依尔所要的麦子的粒数是以2为公比的等比数列前64项的和，即：

$$1+2+2^2+2^3+2^4+\cdots+2^{63}=2^{64}-1$$

$$=18\ 446\ 744\ 073\ 709\ 551\ 615（粒）$$

这么多的麦子若用仓库装，那就要有宽10米，高4米，长度是由地球到太阳一个来回的距离长的粮库才能装得下。这么多麦子大约是全世界2 000年里麦子的总产量！

无论是昏庸的国王，还是聪明的达依尔都无法料到数字如此庞大。虽然很早以前人们就希望制造出一种快捷的运算工具，为此也做过大量的研究，但直到20世纪初，它还只是个梦想。

英国著名科学家理查德森是一位在数学上很有成绩的人，他对高阶线性方程组、二次型及不变量理论有独到见解。他的算术演算速度和准确性都是惊人的。几百年来，天气预报一直是根据人们采集的温度、气压、风向、风速等参数资料，通过高阶线性方程组做出的人工"数值预报"。理查德森在1910年提出要利用他的运算速度做伦敦地区的6小时天气预报。伦敦是座多雨的城市，一年四季阴雨绵绵，人们多想了解明天，甚至下午的天气是个什么样呀！他的这个惊人之举得到了许多人的关注和支持，有人给理查德森提供采集的气象资料；有人帮他整理计算结果并做综合判断；有人帮助他广播结果。工作开始了，理查德森快速地将几十个气象资料参数代入方程组，化成最简形式，不停地计算，"快点、再快点，一定要让人们尽早地了解未来几个小时的天气情况"。豆大的汗珠从理查德森的脸上淌下来，握笔的手腕酸胀了，甩几下手；神经太紧张了，休息片刻。好！结果出来了。剩下的就是理查德森和人们一起等待几小时来验证结果了。唉！结果与实际严重的不符！他反复做，可惜老天总不合作。事后理查德森认为，并不是计算方法有问题，而是计算速度太慢，当你还在运算时，大气环境的各种参数已经变了。他感叹道："也许在遥远的将来，能够使计算速度赶到天气变化的前面，并且使用的成本低于人类从这种预报中获得的利益，但是这看来是梦想。"

真的是梦想吗？不！人类的天性是将梦想变为现实。为此，人类付出了巨大的代价。

紫禁城中的红匣子

　　北京故宫是中国乃至世界占地面积最大、历史最悠久的古建筑群之一。它曾是中国封建社会明、清两朝皇帝的工作和居住中心，旧称紫禁城。从1420—1911年，这里共住过25位皇帝。这些皇帝不惜动用国库银两，把他们的皇宫修筑得富丽堂皇，以显示封建帝王万乘之尊、富有四海的气派。谁都不知道这里曾收藏过多少奇珍异宝，难怪最后一个清朝宣统皇帝在被迫"辞位"后，仍迟迟不肯离去，直到13年后的1924年11月，在大炮的威逼和荷枪实弹的士兵包围下，才不得不仓促逃出紫禁城，将故宫交还给人民。1925年9月29日故宫正式改名为故宫博物院，从此中国数千年来的奇珍异宝才得以向世人开放。

在故宫近百万件的珍贵文物中，你可能不会注意其中一个红木匣子，可它却是中外专家和学者关注的对象。这个古色古香的红木匣子呈矩形，大小尺寸与装在它里边的器具刚好一致。掀开匣盖，里边是一个表层镀金、边角镶银，大约有40厘米长，15厘米宽，10厘米高的黄铜盒子。这个珍贵的盒子到底是什么呢？它就是世界上现存最完整、时间最早的计算器，发明它的人是法国数学家、物理学家B·帕斯卡（B·Pascal，1623—1662）。世界上现存的帕斯卡计算器样机已经屈指可数了，巴黎艺术和手工艺品博物馆有5台，德累斯顿物理数学沙龙会保存着一台，北京故宫有两台。帕斯卡计算器是有文字记载的、保存完整的世界上第一台机械式加法计算器，因此格外珍贵。帕斯卡计算器是以它的发明人帕斯卡的名字命名的，发明它的时候帕斯卡只有19岁。

帕斯卡生来就是一个体质孱弱的孩子，3岁丧母，是在父亲的精心照料和教育下长大的。他的父亲E·帕斯卡是一位受人尊敬的数学家，供职于诺曼底地方税务署。繁重的税收工作需要大量的数字计算，老帕斯卡整天长时间伏案疾书、全神贯注地算呀，算呀！抽空还要照料他体弱多病的孩子，这种既当爹又当妈的生活使老帕斯卡不堪重负，苦不堪言。父亲所做的一切都深深印在小帕斯卡幼小的心灵里，他立志要用自己的力量来帮助父亲，减轻父亲繁重的计算工作。

一天，工作到深夜的父亲走到小帕斯卡的床前，用手抚摸着他的前额，小帕斯卡突然睁开眼睛，急切地问："父亲，数学究竟是什么？"老帕斯卡透过儿子睁得大大的、充满好奇的眼睛，猜到这是个在他脑海里思考了很久的问题。他叹息了一声说："唉！孩子，数学是一门计算科学，而计算需要大量的持续不断的思考，过度紧张的思考会损害健康，你的身体不适合做计算工作。"从此老帕斯卡把家中一切与数学有关的书籍全都收藏起来，他不允许儿子涉足苦海。

这次深夜谈话强烈地震撼了帕斯卡的心灵，是呀！父亲被计算和思考弄得太累了，如果把这种"思考"移植到某种器具上，那么这种器具能不能像人一样计算呢？就像看家犬那样，把区分家里人和外人的"思考"交给它，它就可以为人类看家护院……对呀，想办法制造一个会"思考"的计算工具吧！父亲的禁令激起了帕斯卡无限的遐想和好奇心。他开始偷偷地学习数学，并从10岁起就开始寻找制造会"思考"的机器的途径。

在帕斯卡12岁那年，有一天，父亲心情格外好，他满脸笑容，眼中闪着慈爱的光芒。帕斯卡不失时机地问道：

"几何学到底是什么？"

"几何学是使作图正确无误的方法，并找出各种图形间的相关联系。"父亲简短地作了回答，示意不准帕斯卡再追问下去。

时隔不久，当帕斯卡拿着用自立定义，自作证明方法，创造性地推导出三角形内角和等于二直角的公式给父亲看时，父亲惊呆了。随即惊喜若狂，他发现儿子原来是个数学天才，他取消了对儿子的一切禁令，并开始亲自教儿子数学。帕斯卡非常高兴，因为终于可以在科学的海洋中自由地遨游了。

寻找一个切实可行的制造计算工具的途径，在帕斯卡的脑海中，已经冥思苦想了10个春秋了，许多方法都已经试验过了。把"思考"强行塞进一个金属盒子里谈何容易，那些试验用过的黄铜盒子呆板僵硬得没有半点儿灵气，它们不知道怎样进位，何时进位，实在叫人扫兴！

如果能让它们在做加法时自动进位、做减法时自动借位，那么不就是相当于教会它们思考了吗！帕斯卡在这个关键问题上一遍一遍地想着，反复地设计着，可惜仍没有成功。一天晚上，帕斯卡还在设计草图前思索着，房间里静悄悄的，只能听到座钟"滴答""滴答"的摇摆声。忽然钟声响了10下，时针在一种力的牵引下，微微地弹了一下准确地指到10的位置上。这短暂的一瞬就像黑夜中射来了一道强光，使帕斯卡感到眼前为之一亮，对呀！逢10进1，低位齿轮转动10圈，高位齿轮恰好转动1圈，这不就是自动进位吗？

1642年，一台机械式加法计算机在卢森堡宫展出了，整个欧洲为之轰动，许许多多的人涌进卢森堡宫，来观看世界上第一台计算机是怎样代替人来计算的。有人用洋洋洒洒的文章来宣传它；有人用诗的语言来歌颂它。大家都为帕斯卡能用纯粹的机械装置来代替人们的部分思考和记忆的非凡智慧和勇气赞叹不已。卢森堡宫展览大厅人头攒动、比肩接踵，人们尽量地走近它，仔细观察着这个神奇的黄铜盒子：计算器表面有一排窗口，每一个窗口下都有一个刻着0—9这10个数字的拨盘（与现在电话拨盘相似）；拨盘通过盒子内部齿轮相互咬合，最右边的窗口代表个位，对应的齿轮转动10圈，紧挨近它的代表10位的齿轮才能转动一圈，以此类推。在进行加法运算时，每一拨盘都先拨"0"，这样每一窗口都显示"0"。然后拨被加数，再拨加数，窗口就显示出和数。在进行减法运算时，先要把计算器上面的金属直尺往前推，盖住上面的加法窗口，露出减法窗口，接着拨被减数，再拨减数，差值就自动显示在窗口上。

帕斯卡聪颖过人，他16岁就出版了《圆锥曲线论》一书。这本书在世界数学史中占有重要的地位。帕斯卡博学多才，他在微积分、几何学、概率论、流体力学等许多领域都作出了杰出的贡献，像物理学中流体对压强的传递原理（现在人称帕斯卡原理）就是他发现的。然而，在帕斯卡众多的成果中最让他感到满意和自豪的还是这台计算器。因为它不仅圆了帕斯卡童年的梦想，而且"这种计算器所进行的工作，比起动物的行为，更接近人类的思维"。企图用机械来模拟人的思维，在今天看来是十分落后的，然而这种想法正是现代计算机发展的出发点。为此，帕斯卡在计算机史上功不可没。不幸的是帕斯卡终身被病魔困扰，在39岁时便英年早逝了。故宫里的红木匣子已经成为世界科技发展史上的一座丰碑。

送给康熙皇帝的礼物

　　17世纪末的一天，德国汉诺威一个豪华住宅里，宽大的书房门紧紧地关着，书房里静悄悄的，成百上千册图书整整齐齐地摆在房间四周的书架上，一个硕大的书案横放在暖炉前。书案上放着一个造型优美，长约1米、宽30厘米、高25厘米的金属盒子。盒子制造精细，4个喇叭形木制垫角牢固地镶在底部四边角上，两个雕刻着花纹的金属摇柄控制着盒子的不同部位，黄铜面儿被擦磨得亮晶晶的。一位年约50的绅士坐在书案前的椅子上，凝视着书案上的盒子。他就是房间的主人——德国著名的数学家、哲学家威尔赫·莱布尼兹（Leibuiz Gotfried Wilhelm，1646—

1716）。莱布尼兹把自己关在书房里已经有一段时间了。他陷入了深深的沉思中。

摆在面前的盒子，是他用半生精力换来的，它是一个能代替人做加、减、乘、除四则运算的计算器。为了设计和完善这个计算器，他反复拆装、改进，耗费了不知多少心血，今天终于满意地画上一个句号。莱布尼兹怎能不思绪万千？

当莱布尼兹还是个孩子的时候，最愿意听人讲述科学家的故事。其中帕斯卡的故事最令他难忘。他钦佩帕斯卡的毅力和胆识，他为一个体弱多病的人能造出那么神奇的工具而折服，同时也为帕斯卡的英年早逝而叹息。

20岁的莱布尼兹已经是成绩斐然的学者，他在微分学、逻辑学、哲学等方面都取得了辉煌的成就。这时候他对创造计算工具的意义体会越来越深刻，他说："让一些杰出人才像奴隶般把时间浪费在计算工作上，这是多么不值得。如果能利用计算机，便可以放心地交给其他人去操作。"他把帕斯卡的这样一句话写在纸上，反反复复琢磨着："人的思维是自动的，但人某些思维过程与机械过程没有差别。"莱布尼兹的哲学素养使他敏感地悟出了帕斯卡思想的先进性和远见性，他相信用机械去代替人类某些思维的设想是可行的。为此，莱布尼兹几年如一日潜心学习机械技术，寻找着从加法过渡到乘法的机理结构，并且已经有了长足的进步。

莱布尼兹怎么也不会忘记，1671年自己成功地设计出不用连续相加而直接进行乘法的机械方法时，心情是多么激动。他写信给朋友，介绍一个梯形轴是怎样通过周围不同的齿长和上面梯形齿牙来实现可变齿数的咬合，使得与它相咬合的另一个齿轮刚好转动所需转动的数目。

1672年莱布尼兹在机械专家的帮助下，成功地制造出世界上第一台能做加、减、乘、除运算的计算机样机，这是当时最先进的计算机。它是由不动和可动两部分组成。不动部分有12个小读数窗，分别对应带有10个齿的齿轮，以显示数字。可动部分有一个大圆盘和8个小圆盘，用圆盘上的指针确定数字，然后把可动部分移至对应位置，并转动大圆盘进行运算。可动部分的移动用一个摇柄控制，整个机器由一套齿轮系统传动。这台样机一经问世，立即引起巴黎科学院和英国皇家学会的极大兴趣。科学家们认为，这项工作是一个划时代的伟大创举，它不单纯是将人的动作交给机械去完成的问题，更重要的是它使人看到了用机械代替人思维的前景。

1673年，莱布尼兹把样机送到伦敦展出，参观的人群络绎不绝，有口皆碑，盛赞莱布尼兹的聪明才智，为他能够给人类提供思维劳动的"替身"表示敬意。在伦敦庆祝莱布尼兹计算机试制成功的会上，莱布尼兹被深深地感动了，他自豪地对旁边的一位天文学家说："我感到非常幸福。天文学家再也不必继续训练为了计算所需要的耐心了……因为我的机器能在瞬间内完成很大数字的乘除，而不必连续相加减。"

　　由于17世纪的机械工艺水平的限制，莱布尼兹的计算机不可能尽善尽美，机械部分的滑动咬合故障不断地影响计算机的正常工作。为了消除故障率，莱布尼兹多次改进设计，专门从德国搬到巴黎。在1676—1694年，莱布尼兹不知苦熬了多少个日日夜夜，花费大量钱财，大约有24 000塔列尔，真是尽其所能，倾其所有了。成功之花是由汗水浇灌而成的，对这一点莱布尼兹体会得非常深刻。

　　房间里还是静悄悄的，没有人打断莱布尼兹的思绪。莱布尼兹又想起了爸爸，爸爸在他7岁时去世了，留给他的是这满屋子大量的藏书和许多丰富的知识。记得5岁的一天，爸爸就坐在这把椅子上，给他讲述着："在非常遥远的东方，有一个古老而又神秘的国度，那是一个文化发达、疆域辽阔、人口众多的国家，那儿的人民勤劳勇敢、聪明善良……那里的国王叫皇帝，经常戴着巍峨的皇冠，穿着宽大的配着像布袋一样袖子的长袍，衣冠表面装饰得华丽夺目，最能吸引人的要算是到处盘旋绕动的龙了。"

"龙？"莱布尼兹头一次听到这个名字。"龙是什么样的？"莱布尼兹问爸爸。

爸爸摸了摸孩子的头说："龙有4只带有利爪的脚，一双凸出的明珠般的眼睛，嘴上长着长长的触须，全身的鳞片闪闪发亮。龙在天空游动翻腾，磅礴舒展的气势能够排山倒海。龙是皇帝的象征，也是那个国度的标志。他们认为自己所在的地域正好是大地的中央，所以他们叫中国。"

从那天起，在莱布尼兹的脑海里就刻印了那个古老中国的神奇形象。一种奇妙的感觉使他经常在这个书房里，翻看那个画有龙的画册。

莱布尼兹又想到了他的二进制数。还是在这个书房里，他拆开了朋友白晋从中国寄来的信。白晋（Bouvet Joachim，1656—1732），法国科学院院士，《康熙皇帝》一书作者。曾两度来中国，颇受清朝康熙皇帝的赏识，与康熙过从甚密。信中夹着一张古老的图深深地吸引了莱布尼兹。图呈圆形，用黑白两色将图分成两部分，看上去像两条相拥相抱的鱼构成了一个完整的圆，圆被划分8个区域，分设8个卦，卦有各自的方位方向和卦名。朋友白晋在信上说明，这是中国流传了3000多年的乾坤八卦图，是造物主的形象。图中有阴爻和阳爻，阴爻和阳爻按四面八方组合成了宇宙万物。"太神奇了！"莱布尼兹想，缤纷浩瀚的宇宙被中国人精辟地归纳成简简单单的八卦图。乾为天，由3个阳爻组成；坤为地，由3个阴爻组成；震为雷，是阳阴阴；巽为风，是阴阳阳；坎为水，是阴阳阴；离为火，是阳阴阳；艮为山，是阴阴阳；兑为泽，是阳阳阴。就这样"阴阳合而万物生"。莱布尼兹如醉如痴地端详着这幅神秘的卦图。

阴爻和阳爻构成万物的思想激发起莱布尼兹无限的遐想。他想到了色彩缤纷的数的世界，如果阴爻代表"0"、阳爻代表"1"，那么中国人的图不是告诉我各种各样的数可以用"0"和"1"组成吗？对呀，0，1，2，3，4，5，6，7，8，9这10个数码组成了以10为基础的十进制数，"逢十进一"，碰到超过9的数，用两个以上的数码表示。十进制的最低单位是$10^0=1$，第二位单位是$10^1=10$，第三位的单位是$10^2=100$，其他可以依此类推，

523是指有5个100和2个10再加上3个1。那么只有"0"和"1"这两个数码不是也可以组成以2为基础的二进制数吗！碰到2和2以上的数用两位或两位以上表示，最低单位为$2^0=1$，第二位的单位是$2^1=2$，第三位的单位是$=2^2=4$，第四位的单位是$2^3=8$……十进制中的11可以表示为1个$2^3=8$，和$2^1=2$再加上1个$2^0=1$，写成1011这样的形式，异曲同工的运算法则是"逢二进一"。

一次，莱布尼兹给他的学生讲二进制数时举例说：十进制整数最后5个单位是万、千、百、十、一，二进制整数的最后5个单位是16、8、4、2、1。十进制中15加9等于24，而15的二进制数是1111、9的二进制数是1001，1111+1001=11000，而11000是指该数有1个$2^4=16$和1个$2^3=8$，刚好是十进制的24。

从此数学宝库中又增添了一件瑰宝——二进制。二进制在现代电子计算机中大显身手，可以毫不夸张地说，如果没有二进制记数法则，根本谈不上现代电子计算机产生。但是关于这一点当时的人们包括莱布尼兹本人都没有意识到。莱布尼兹因为首创了二进制被法国巴黎科学院选为院士并成为英国皇家学会会员。当莱布尼兹完成了《谈二进制算术》的论文时，他对中国的感情不单单是神奇般地向往，而是怀有深深的敬意。他心里想，中国人在二进制记数制的研究上已经捷足先登，走在自己的前面，自己只不过是将中国的八卦图的阴爻和阳爻组合机理进一步地阐明罢了。

一种由衷的感激之情使沉湎于过去的莱布尼兹从椅子上站了起来，他走到他的计算机前，熟练地操纵着滑动摇柄，转动指针圆盘，算一道乘法算术题，计算机真乖巧，齿轮飞快转动，计数指针有节奏地跳动，正确答案马上显示在窗口上，莱布尼兹满意地点了点头。他说："这是我最满意的发明，我应该将它送给我所尊敬的人，以表示我对他们的敬意。对了！就送给遥远东方的中国，感谢他们古老发达的文化，感谢他们人民的勤劳和智慧。"决心已定。爸爸对龙的描绘令他永远不会忘记，朋友白晋来信也谈到自称龙的中国皇帝康熙热爱科学，"有高尚的人格、非凡的智慧，更具备与帝王相称的坦荡胸怀"。莱布尼兹拿起笔，伏在书案上，写下了"谨请我崇敬的中国康熙皇帝惠收"几个大字，将它轻轻地放在自己心爱的计算机上，然后摇响了手铃，年轻的仆人闻声走进来，莱布尼兹指了指书案上的计算机，"请设法把它送往伟大的中国。"

伟大的设计师巴贝奇

　　1816年7月17日，直布罗陀海峡波涛汹涌，在随波逐流的森筏上，瘫倒着15个人，这些断水绝粮，已经绝望了的海难者，忽然发现海平线上升起一根桅杆，他们惊呆了，简直不敢相信眼前的景象，可能是海市蜃楼吧？当30只充满血丝、失魂落魄的眼睛确认真的有一条船向他们驶来，生的光芒闪现出来，他们挣扎着站起来，拼命地挥动着手臂，奋力地从干渴欲裂的喉咙中发出嘶哑的求救的喊声。这15人是遇难的"梅杜萨"号战舰365名水手中的幸存者。他们靠着残忍的厮杀，吃人肉、喝人尿在海上漂泊了13个昼夜。在他们获救后，悲痛地向人们讲述"梅杜萨"号三桅旗舰是怎样偏离航向、迷失方向、搁浅断裂的……新闻媒体马上做了详细的报道，整个欧洲震动了。人们纷纷指责船长的无能，同时也尖锐地指出海航表中的错误势必影响海中船只的准确定位。画家奥多·席里柯根据这个悲惨的事件画了一幅生动的油画，把15名遇险者绝处逢生的表情和内心世界描绘得惟妙惟肖。这幅佳作至今还收藏在罗浮宫中。

事隔不久，一位年轻学者手里拿着一份1766年编印的航海表，匆匆地走进伦敦制表局大门。当他知道接待他的人正是他要找的官员时，毫不客气地说："先生，我今天来是向您指出正在使用中的航海表严重错误的地方。"年轻人把一张在许多数据下用笔勾画了醒目线的航海表放在官员面前，"经过计算核对这些数据都是不正确的，有些甚至相差甚远"。不等对方说话，年轻人又说："这种不负责任的航海表，造成了多少灾难，夺去了多少无辜人的生命，难道不应该马上废除它吗？"来人尖锐的语言，严肃的表情和愤怒的目光使官员惊恐不安，不知所措地问"请问，先生您……"

当得知来人是英国剑桥大学教授、著名英国数学家巴贝奇时（Charles Bebbage，1792—1871），官员的脸上露出感激之情说："巴贝奇教授，多谢您能核对计算。如果您愿意的话，请您给我们的制表工作提出改进意见。"制表局对巴贝奇的计算极其信赖，因为他是著名的数学家，是剑桥大学卢卡斯讲座的数学教授，这一殊荣很少有人能够得到，讲座的第一位教授是巴罗，第二位是牛顿，第三位就是巴贝奇。另外，科学界都知道巴贝奇从1812年起就在设计能自动计算的带有寄存器的计算机。他不但自己制造机械零件，还设计和制造生产零件的设备和机床，他是研究计算的奇才。第二天，巴贝奇应邀参观造表工场。

巴贝奇走进造表工场，心情格外沉重。他看到工场简陋的设备，看到为数不多的手摇计算机在操作人员的手中不停地转动，看到计数人员在忙碌地一边核对一边抄写，看到计算人员苍白的脸色和疲倦、呆滞的眼神，看到检验人员在检查冗长的数据单时的尴尬和无奈表情，巴贝奇的心缩紧了。他想："唉，计算人员太辛苦了，数表的差错在于制表步骤太繁琐，设备简陋，计算器只能做加、减、乘、除运算，很难胜任稍复杂的计算需要，应该有所改进。"从此，巴贝奇走上了设计使人们从繁琐的计算中真正解放出来的自动计算机的艰苦道路。

几乎与巴贝奇同时，法国政府正紧锣密鼓地进行度量衡制改革，一切以十进制为基础，把原来的直角90度改为100度，把一分60秒改为100秒，这样一来，原来的三角函数表、对数表等等都必须重新编制。法国政府把这需要大量计算的繁重任务交给数学家普罗奈负责。为了完成这项艰巨的工作，普罗奈想出了一个分工计算的智力放大法。他把工作人员分成两个队，两个队人数相同，做同样的运算，以便相互校对。每一队为3个组：第一组由5—6名数学家组成，提出要计算的简明分析公式；第二组9—10名熟悉数学的人，把公式分解成适于计算的形式，并计算相距5或10的一定间隔分布的关键数据；第三组人最多，约100人，他们只是按第二组提出的计算格式和关键数据做重复计算，得出最后的结果。后来由于某种原因法国政府没有将这项改革实施下去，但是普罗奈的工作方法是一项极好的创造。

沉醉于计算工具研制的巴贝奇，从普罗奈分组分工的方法中得到了启示，他发现这是一种先进的化繁就简的方法，并马上吸取过来，应用在设计上。巴贝奇认为任何一项复杂而繁重的计算都可以分解为若干简明的分析公式，而分析公式又可以人为地化简成最适合计算的形式。这样复杂的计算就变成若干简单多项式的计算，利用多项式的数值差分规律（即n次多项式的n次数值差分为同一常数），求得计算结果的步骤大多是相对固定形式的重复计算，而且这恰恰是最繁重的一步。如果能制造出完成简单多项式重复有限步骤的计算机，那不就是最大限度地降低计算人员的劳动吗？实际上巴贝奇的想法就是我们今天的程序设计思想。经过10年的努力，1822年巴贝奇制成了一架适用于计算多项式值的计算机——差分机。它包括3个寄存器，同时又是运算器，它们可以保存3个10万以内的数，并执行加法运算，精度可达到6位数，它还能执行整个计算程序，是一个带有固定程序的专用自动数字计算机。巴贝奇是世界上第一个提出程序设计思想的人。

成功的喜悦使巴贝奇的思想更加活跃，他又开始设计一个更大规模的、能够更精确编制航海表的差分机。这个机器大约2吨重，计划有7个寄存器，精确度可达20位，并且附有自动印刷设备，以避免人工抄写可能出现的差错。英国政府出于对海军长远利益的考虑，慷慨地拿出17 000英镑支持巴贝奇的工作。但是由于当时精密机械制造水平相当低，没有人能按照巴贝奇要求的精密度制造出合格的杠杆和齿轮，迫使巴贝奇一次又一次地修改设计，大大地增加了开支，经费用完了，巴贝奇自己又投入13 000英镑，以维持研制工作。10年过去了，制造工艺上的问题仍没有得到解决，巴贝奇为此一筹莫展。英国首相布尔宣布，停止对巴贝奇的财政支持，制造更大规模的差分机的工作正式停止。失去了政府的支持和信任，巴贝奇痛苦极了。

　　然而，巴贝奇并没有因为差分机的失败而气馁，他坚信机器虽然没有制造成功，但这种设计思想是正确的，必须坚持下去。因为计算机是人类进步中迫切需要的工具，是极有生命力的。为了有更多的时间和精力从事他心爱的计算机研制工作，巴贝奇辞去了剑桥大学卢卡斯讲座数学教授的职务，全身心地投入建造他思想中的模型——自动计算机的创造中去。大约在1834年，巴贝奇完成了一种可以控制计算程序的通用数字计算机新设计，他将此称为"分析机"。这台"分析机"有专门控制运算程序的机构，可以进行各种具体的数字运算。设计运算速度是1分钟能进行60次加法运算，完成两个50位数的乘法，只需1分钟。"分析机"以蒸气为动力，全部作业都利用各种齿轮和齿条等的咬合、脱离、旋转、平移等机械原理传动。并用穿孔卡片控制内部的操作，因此可以进行自动计算、自动打印。它还有两个逻辑单元，即被巴贝奇称之为"存储器"的记忆单元，这是由很多刻有十进制数字的轮子组成，可以存储数字。另外，"分析机"有两处设计最精彩：一是用穿卡片来控制；一是设计了现在叫做条件转移的指令，即在解题时，可以根据某个计算结果的不同情况，从可能继续运算的两条路线中选择一条做下去。

"分析机"的分工、结构及整机的适应性，几乎与现代计算机异曲同工，它完全具备了现代计算机所具有的基本功能，体现了现代计算机的几乎所有核心部件和主要设计思想。它包括了五大部件：即输入机构、存储器、运算器、控制器以及输出装置。这是计算机发展史上一次极重大的创新，为此巴贝奇被誉为自动计算机的鼻祖。

巴贝奇不断地改进和完善着他的设计，他先后花费40多年，提出30多种不同方案，设计了200多套完整的图纸。为了设计制造这种机器他献出了一切，最后他的"分析机"标准结构终于初步形成。

"分析机"是一种超越时代的美妙设计，可惜它的提出早了100多年，这种思想用机械的方法是不可能实现的。

巴贝奇的设计在当时确实只是空中楼阁，但是他给后人留下了宝贵的精神财富和杰出的设计。

在晚年，他曾感慨地说："如果一个人不因我一生的鉴戒而却步，仍然一往无前，制成一部本身具有全部数学分析能力的机器……那么我愿将我的声誉毫不吝惜地让给他，因为只有他能够完全理解我的种种努力以及这些努力所得到成果的真正价值。"是的，今天的人们已经完全理解了巴贝奇设计思想的真正意义。

几十年之后，阿尔肯和朱斯等人实现了巴贝奇的梦想。阿尔肯（H.Aiken，1900—？，美国科学家）研制的自动计算机几乎是巴贝奇分析机的翻版。难怪阿尔肯从史料中发现巴贝奇这个人时，意识到自己所做的工作正是先驱者——巴贝奇所做过的工作。幸运的是，由于电子技术和继电元件的发展，阿尔肯可以用电磁元件代替精度不高的机械部件。当阿尔肯读了巴贝奇留给后人的遗嘱时，他感到这位伟大的设计大师正直接与他说话。阿尔肯惊叹："假如巴贝奇晚生75年，我就会失业了。"朱斯（K·Zuse，1908—？，德国科学家）用继电器取代了机械元件，研制成Z—2机和Z—3机，其计算速度每分钟可达几十次，加法为0.3秒，乘法为4—5秒。

阿尔肯和朱斯等人研制的计算机，是第一批通用机电自动计算机，都受到巴贝奇设计思想的极大影响。然而在它们运用时就已经过时了，因为继电器的开关速度大约为1%秒，机电式计算机的运算速度已经达到极限，这就注定了机电式计算机必须要让电子计算机所取代。

真空三极管的发明人
——德福雷斯特

    1906年春天，美国纽约地方法院正在开庭审理一件离奇的诈骗案。几名地方法官表情严肃，他们不屑一顾地看了看摆在面前的一个里面装有金属网的玻璃泡，互相耳语了一阵子，然后宣布开庭。一位形容枯槁、衣衫褴褛、面色憔悴、神情疲惫的青年人站到被告席上，人们把目光一下子转到他的身上。被告不修边幅，胡子刮得也不干净，前襟和两个袖子有明显被煤气灯燎焦的痕迹。主审官皱了皱眉头说："被告，你被指控犯有诈骗罪和私设电台罪，请说明你的名字。"

"德福雷斯特",年轻的被告从容不迫地回答,"尊敬的先生们,我并没有犯罪,请你们相信,你们面前的玻璃泡是世界上第一个既能整流又能放大信号,而且有着不可想象的速度,而发明它的人就是我。"

"你说的就是它吗?"一个法官举起了装有金属网的玻璃泡,打断了青年人的话。

"是的,就是它。请不要小看这个玻璃泡,它可以把很小很小的电磁波信号放大到连听力不好的人都听得见。"青年人侃侃而谈,好像自己不是站在被告席上,而是站在讲坛上,正在给这些法官们讲一堂科学普及课。"历史必将证明,我发明了空中帝国的王冠。"

法官们被面前这个贫困潦倒的青年人的夸夸其谈震惊了,然而更使他们不能想象的是,他们面前原认为用于诈骗、"没有价值的玻璃泡"乃是20世纪最伟大的发明之一,是今天高度繁荣的电子文明的起源。

德福雷斯特(Leede Forest,1873—1932)出生在美国伊利诺伊州,一生致力于发明创造。他发明的三极管不仅是无线电的心脏,也是现代计算机的最基本单元。可以毫不夸张地说,没有德福雷斯特的三极管,就没有电子计算机的产生。他卓越的贡献是举世公认的。然而德福雷斯特却一生坎坷和曲折，没有得到应有的荣誉和地位。由于瑞典皇家科学院的疏忽，德福雷斯特也没有获得诺贝尔奖，他是一位既伟大又不幸的发明家。

幼年时代的德福雷斯特被人看成是蠢孩子，逆境中的德福雷斯特养成了孤独怪僻的性格和坚强执著的特性。中学时代，他也没有显露出多少才华。用他自己的话来说，是"学识既不丰富，也不会交际，而且文笔和口才又都那么笨拙。"从上大学起，他开始迷恋上电学，他知道今后的社会将永远和电分不开，但是单用电气是不能概括未来那个时代的。未来的时代是什么样呢？一个热爱科学的青年，应该朝什么方向去努力呢？他总是闭起眼睛遐想。26岁时，已经获得理学博士学位的德福雷斯特，在一个偶然的机会遇见了马可尼（Guglielmo Marconi，1874—1937），这个意大利发明家为他指点迷津，使他找到了自己努力的方向。

在这次偶然的会见中，德福雷斯特亲眼看到了马可尼用发报机传送电波，实现文字信息的空中传递。德福雷斯特感到太新奇了，对！这就是自己遐想的未来时代的一部分，大西洋彼岸的人们，不用见面，就可以相互交谈，相互沟通。马可尼还告诉德福雷斯特，电报机的稳定性和远近距离的适应性，很大程度上取决于一个叫检波器的元件（起到整流作用的装置），而这种元件亟待改进。有了一种更可靠的检波器，才有可能实现更远距离的真正通信。

从此，德福雷斯特就自我承担起改进检波器，这个无线电研究中亟待解决的重大课题。

怪癖执著的德福雷斯特对自己说："说不定我能完成这个使命！"

不顾一切的德福雷斯特辞掉了工作，把自己关在一间破旧的小屋内，节衣缩食、全心全意地研究改进检波器。他常常赤着脚工作，以节省鞋子，尽可能地站在地板上工作，以便使裤子能够穿得长一些时间。白天，他做各种零活赚点钱，以维持糊口和买一些简陋的器材；晚上，他回到杂乱的小屋，就沉浸在发明创造这既艰苦又有无穷乐趣的工作中。不久，德福雷斯特发明了一种"气体检波器"，并且在舰船上试用，获得很大的稳定性。这是一种靠煤气灯火焰的强弱来进行检波的装置。可是，德福雷斯特并不满意这种装置，因为使用这种检波器的接收机上必须配有火焰装置，这是极不方便的，很快德福雷斯特就放弃了这种方法。这时德福雷斯特已经意识到，既然炽热的火焰能影响电磁波，炽热的灯丝不也可能会有同样的反应吗？他准备改用"灯泡"来检测电磁波，研究真空管检波器。就在他快要成功的时候，传来了一个即使他兴奋又使他沮丧的消息：英国弗莱明（J·A·Feming，1849—1945，英国物理学家）博士捷足先登，发明了真空二极管来代替检波器。德福雷斯特迫不可及地找来介绍真空二极管的杂志，详细地了解了弗莱明的发明，激动得他两只手都颤抖起来。他很羡慕弗莱明的成功，同时也为成功与自己擦肩而过而感到惋惜。

科学发明的成果不是唾手可得的，德福雷斯特在坎坷的发明道路上探索了多年，没有取得关键性的进展，而自己的目标又被别人捷足先登了。多年的宿愿成为了泡影，德福雷斯特陷入极大的痛苦之中。然而一个发明家的伟大之处，不单单是他有超群的才智，而往往是在逆境中为科学献身的坚强毅力。德福雷斯特这个贫困潦倒而又坚强执著的人，很快从彷徨中醒来，他并没有气馁，又给自己提出了新的目标：既然弗莱明已经打开缺口，为什么自己不跟着冲上去，进行更高层次的试验和发明呢？

一天，他在琢磨改进真空二极管时，突发一个奇想："在两个电极的基础上，再封进一个会怎么样？"说干就干，在灯丝和屏极之间他封进一个不大的锡箔。

奇迹出现了，只要在第三极上一个不大的信号，就可以改变屏极电流的大小，而且改变的规律同信号一致。这表明第三个电极对屏极电流起着控制作用，也就是说，只要屏极的电流变化比信号大，就意味着信号被放大了。

这个发现实在有惊人的价值，他沉住气，继续进行改进实验，最后终于发现用金属丝代替小锡箔，效果最好。于是就用白金丝扭成网状，封装在灯丝与屏极之间，这就是世界上第一只真空三极管。

弗莱明发明的真空二极管，顾名思义，就是一种有两个电极的电子器件。从外形上看，它真有两条腿。这种器件有一种古怪的"脾气"，就是"单向导电性"。什么叫做单向导电性呢？我们先从生活中举一个例子：大家是不是看到过有一种弹簧门？这种门只能朝一个方向开，朝一个方向轻轻用力一推就开了。朝另一个方向呢，怎么使劲也推不开。二极管也就是这么一扇门，只不过是一个"电子门"罢了。朝一个方向加上电压（这就等于朝一个方向推这扇"电子门"），二极管就"打开"了，能让电流畅快地通过；朝另一个方向加电压呢？怎么也"打不开"，电流说什么也流不过去。

　　德福雷斯特发明的真空三极管比二极管多一个电极，它有3个电极，一个叫做屏极、一个叫阴极、一个叫栅极。

　　真空三极管的奇妙处是它的开和关是靠栅极来"掌管"的。原来，真空三极管的屏极和阴极就是一个真空二极管，电流只能从屏极流向阴极。只要在栅极上加上一定的负电压，便在真空三极管中形成一个负电场，而该负电场刚好起到障碍电流从屏极流向阴极。如果栅极上的负电压加到一定程度时，屏极和阴极便不通了，电流也就随之"干涸"，这个管子"截止"了。而这时只要栅极的电压稍有改变。就是打开了屏极和阴极之间的"闸门"，电流便从屏极流向阴极，这时，这个管子"导通"了。真空三极管很像个开关，你们瞧，它好像是在栅极那个地方装了一个钥匙眼。在栅极上改变电压，就等于是拿一把钥匙插进了钥匙眼里去，一旋转，门就开了，电流就通了。那么这个开关和普通的开关有什么不同呢？这个开关最大的特点就是快，快得不可想象，比继电器的开关速度还快1万倍，简直灵巧极了。由于真空三极管这种奇妙的作用，它才获得了极其广泛的应用。二极管和三极管组合起来，就构成了电脑中的一个个"脑细胞"。

为了做真空三极管的进一步实验，为了筹集到15美元的发明专利申请费，德福雷斯特到处奔走宣传他的发明。他把三极管比做非常灵敏的控制闸，按照施加信号的变化，有规律地改变着屏极电流的大小。由于屏极电流比栅极信号大得多，因此，微小电信号经过真空三极管就放大了很多倍。然而社会上总有些人认衣不认人，他们听不懂德福雷斯特的科学语言，反而诬陷德福雷斯特进行诈骗，这场荒唐透顶的审判就这样开始了。但是坚强的德福雷斯特并没有畏惧法庭，他机智地利用法庭这个公开的讲坛，大力宣传自己的发明，他充满信心的科学语言，生动地描绘出一幅未来电子时代的宏伟蓝图。这位衣着破旧、形容枯槁的被告对科学执著的献身精神，折服了在场的每一个人。法庭上的几名法官面面相觑、尴尬无比，只好宣判德福雷斯特无罪释放。

　　事实证明，科学发明的成功或者失败，并不在于起步得早迟。事在人为，德福雷斯特虽然走在弗莱明的后边，但是他不灰心，不气馁，结果是后来者居上。这位伟大的科学家一生有300多项发明，为科学作出了巨大贡献。人们将永远记住，是他为现代计算机发明了基本"细胞"，是他拉开了电子计算机时代的序幕。

稀世奇才——图灵

　　第二次世界大战期间，英国是当之无愧的多国盟军的大后方。许多军事装备、给养都是通过船只沿英吉利海峡源源不断地运往前线。而摧毁或阻止盟军在英吉利海峡的供给船队就成了德军的主要偷袭目标。这是一个阴云密布、阵雨不断的坏天气，在英格兰东南部的多佛尔海域，一支英国大型运输船队借助于天气的掩护徐徐航行着。这只船队的行驶看起来并不像往日那么紧张，英军仅派出了6架飓风式战斗机担任空中护航任务。可能是由于天气的原因，使英军有些疏忽大意吧！

　　中午时分，德军阵地一个道—17轰炸机大队，一个梅—109式战斗机大队和一个梅—110驱逐机大队在空中集结编队后径直向英国海岸飞去。此时天气稍稍转好，20分钟后，德军飞机飞抵战斗区域，70架德国飞机像蝗虫般地向英国船队扑去。

担任护航的英军6架飓风战斗机好像并不慌张。在这关键时刻，英国飞行员机智勇敢，巧妙地躲过了20架德军战斗机的先头部队，降低飞机高度，摆出一副向飞行在德军战斗机群下面的轰炸机进攻的姿态。

德机大队指挥官看到敌人仅仅有6架飞机，心花怒发，自恃机多势众，心想先收拾了这6架飓风战斗机，再炸毁英国船队也不迟；等英军空大队人马赶来增援时，那最快也是十几分钟以后的事，他们还未来到，我们轰炸已经大功告成了。这时，梅—109和梅—110机群凶狠地向寡不敌众的飓风式战斗机猛扑下去。

突然数道闪电从高空射下。几十架英国喷火式战斗机冲出云层，天神般地出现在德机群面前。只见它们像一群矫健的银燕，灵巧地冲入敌阵，所有的机枪在发射着愤怒的子弹。

一架梅—109式战斗机丢开飓风式，朝前面的喷火式飞机发起攻击，喷火式飞机轻轻地往右一拐，敌机从机身旁擦过，喷火式飞机利用这一瞬间，将这架梅—109式飞机套入光环，按下了射击按钮，梅—109式飞机被打得凌空爆炸。

德机指挥官万万没有想到英机来得这么快，他们被这突如其来的情况搞懵了，迅速撤离。喷火式飞机紧咬不放，一架梅—109式飞机赶忙降低高度，想从海面上逃跑，一架喷火式飞机追了下去，对准射击。梅—109式飞机被打中发动机和冷却器，机翼顿时失去了作用，飞机拉出一条白烟，歪歪扭扭地栽入大海。此次空战，德机损失惨重。

原来，当德军情报机关得到英军供给船队在多佛尔海区的方位、航线及目的地等情报时，经核对计算后，用密电告诉德军前线指挥部。而这一密码电文被英军截获，他们通过一部电子式密码译解机几分钟就破译了，得知德军将派遣道—17轰炸机大队和梅—109式战斗机护航机群偷袭轰炸的计划，特别调遣能够对付德梅—109式战斗机的喷火式战斗机参加截击，并通知运输船队及护航飞机做好战斗准备。当德军战斗机大队向战斗区域扑来时，英军飞机也已经从英国本土起飞，径直增援多佛尔海区护航的飓风式战斗机。看来打有备之仗的总是赢家。这次空战的胜利归功于这部电子计算机——密码译解机的快速和准确。

这部名叫COLOSSUS（巨人）专用电子计算机，英国共有10台，它们从1943年开始服役，在第二次世界大战中，发挥了很重要的作用，成功地破译了德国许多密码，运行情况令人非常满意。该机使用了1 500个电子管，由输入装置、输出装置、内部的电子数字电路、二进制运算电路及逻辑运算电路等组成，有极快的处理数据的能力。它很可能是世界上第一批电子计算机。但遗憾的是，这批电子计算机从研制开始就属于英国的机密，一直不为世人所知，时至今日，这种电子计算机的详细情况仍然是机密，别国无法对它进行研究。但是人们已经知道，研制它的主要设计人是英国数学家、理学博士图灵（Turing，Alan Mathison，1912—1954）。为此，英国政府授予图灵政府最高勋章。一部50多年前的电子管计算机至今没有解密的原因看来只有两个：一是它的设计思想至今还是较先进的，起码不是大众化的；二是它曾做过的工作仍属于不能公开范畴，而一旦公开了它的特殊工作机理，就有可能泄密。也可能两者兼而有之。我们不知道图灵用什么方法迅速地破解密码，但是我们可以想象，这种方法是非常有效的。

图灵是数学界和计算机界的奇才，让人钦佩之至的是，在世界上还没有通用计算机问世以前，图灵就从理论上证明了通用数字计算机是可以制造出来的。这一深刻的证明给以后的计算机发展奠定了坚实的理论基础，就像人类掌握核动力之前爱因斯坦预见了质和能的关系一样，图灵的理论对现代计算机的发展是必不可少的。

　　任何一种科学，在它发展过程中，首先要着重研究的是它自己的"方法"的正确性和有效性，以避免科学方法的盲目性。早在17世纪，莱布尼兹在研制机械计算器时，经常想到这一问题，是否可以用单纯的代数计算来代替所有的计算呢？并企图制造出一种不仅能计算而且还可以检验假设的计算机，以便建立起一种普遍的方法，"把一切正确的推理归结为一种计算"，但是莱布尼兹没有做到。一百多年以前，巴贝奇就开始设计制造通用数字计算机——分析机，然而他并没有证明这是必然可行的。人们不免要提出一个问号，通用数字计算机是否真正存在，怎么断定一个数学问题是机械可解的，或者说，怎么判断一些函数是不是可计算的？这是一个使许多科学家一筹莫展的难题。

　　图灵经过多年的研究和思考，创造了一个用机器概念来解决抽象的数学问题的前所未有的方法。为此，他提出了理想计算机理论，给可计算性这一概念下了严格的数学定义。他还证明了一个很重要的定理：即存在一种图灵机，它能够模拟任一给定的图灵机，这种能够模拟任一给定图灵机的机器就是"通用图灵机"，这便是现代通用计算机的数学模型。图灵在不考虑硬件的情况下，严格描述了计算机的逻辑结构。值得指出的有两点：通用图灵机是把程序和数据都以数码的形式存储起来；这种程序能把高级语言写的程序翻译成机器语言的程序。有了这个模型，人们已经看到制造通用数字计算机的可能性。同时，可以在图灵机上按照适当的程序写出任何一个可计算数，并给出检验一个可计算数标准。这种方法所阐述的理论是相当深刻的，直到几十年后，人们才普遍认识到这种机器证明论是多么的简明和多么的有效。而图灵发表这著名的《理想计算机》论文时，年仅24岁。

图灵不仅在证明通用计算机的可行性上作出了伟大的贡献，在计算机领域的其他研究成果也是跨时代的。在1945—1947年，图灵参与研制英国自动计算机工程（Automatic Computing Engine，简称ACE）。他在这个ACE方案中提出了不少独创性的内容，其中包括，"微程序控制"的运算方式、指令寄存器和指令地址寄存器、子程序和子程序库、存储程序等等。特别是他在这里指出了"仿真系统"的思想，而这种功能的计算机在20世纪70年代才制造出来。所谓仿真系统，是这种机器可以没有固定的指令系统，但它能够模拟许多具有不同指令系统的计算机的功能，以突出它的通用性。正因为这个AEC方案的远见卓识，英国政府把它保密了27年之久，直到1972年才公布出来。人们看到图灵的设计思想，无不为之叹服。

1947年，图灵写了一份关于计算机人工智能方面的内部报告。他在报告中提出了不少令人感兴趣的概念，特别是首次阐述了自动程序设计的思想，即让计算机自动生成所要做工作的指令程序，以代替人编写的手工程序。这是一个大胆的设想，是后来人工智能中重要的研究课题，可直到20世纪80年代人们才制造出具有相应功能的计算机。图灵在《智能机器》一文中指出："如果机器在某些规定的条件下，能够非常好地模仿人回答问题，以致使提问者在相当时间内误认为它不是机器，那么机器就可以被认为是能思维的。"图灵的这一观点，在后来的10年中一直被沿用，成为编写智能程序的指导思想。

1950年，图灵发表了著名论文"计算机能思考吗"，这篇论文对智能问题从行为主义的角度给出了定义，设计了著名的"图灵测验"。即一个人在不接触对象的情况下，同对象进行一系列的问答，如果他根据这些问答无法判断对象是人还是计算机，那么，就可以认为这个计算机具有同人相当的智力。可是，目前还没有一个计算机能通过图灵测验；但图灵预言，20世纪将会出现这样的机器。

1954年，图灵在一次意外的中毒事故中不幸逝世，年仅42岁。这真是科学界的不幸。然而，他为电子计算机的发展所作出的卓越贡献，却永远留在现代科学技术的光辉史册上。为了纪念图灵这位研究计算机理论的先驱者，美国计算机协会于20世纪60年代设立了"图灵奖"，每年一度奖励在计算机方面作出重大贡献的科学家。

"埃尼阿克" 的生日

"爷爷带你去参加一个生日庆典。你愿不愿意去呀？"

"当然愿意！我敢肯定，过生日的人一定是爷爷您的朋友，对不对？"

"对！是我的朋友，他是我们每一个人的朋友。"

"那么他的年龄像爷爷您一样大了？"

"不，他还年轻，明天是他50岁生日。"

"那么他叫什么名字呢？"

"是一个非常响亮的名字，埃尼阿克。"

"爷爷您的表情告诉我，'埃尼阿克'不仅仅是您的朋友，而且一定是位非常重要的人物吧。"

"孩子，你说得很对，应该说'埃尼阿克'是世界上的巨人！"

昨晚，普安特临睡前还在想：世界巨人应该有影响世界的能力，这个50岁的重要人物是什么呢？应该让世人多多认识他，为此，普安特在他的照相机里装满了胶卷，想为他多摄一些相片。早饭后，爷爷的汽车喇叭在园子里响了，普安特拿起照相机跑了出去。

当普安特和爷爷的汽车驰进宾夕法尼亚大学校园时，顿时感到校园里洋溢着盛大的节日气氛。街道两边插着彩旗，草坪上摆满了暖室中培育的正在怒放的鲜花，醒目的横幅写着：热烈庆祝"埃尼阿克"诞生50周年。停车场已经停满了各式各样的汽车。"瞧，来宾还真不少呢！看来埃尼阿克一定是位了不起的科学家，不然绝对不能在这大学的殿堂中举行如此隆重的庆典。"普安特一边跟着爷爷走着，一边在心里面想着，他们走进了校园里的纪念馆。

纪念大厅里的气氛更加喜庆热烈，红毯铺地、彩带垂吊，许许多多科学协会送来的花篮摆放在大厅的两侧。来宾非常之多，他们之中有年过半百的大科学家，有赫赫有名的学者，有仪表堂堂的军人，还有西装革履的政府官员。大厅正中间，摆放着一部大型的机器，看上去好像有着特殊重要的意义。普安特目光环顾，他在寻找今天的"寿星"在哪儿？

"爷爷，哪位是科学家埃尼阿克呢？"

"嘘，别着急。一会儿庆典开始时，美国副总统戈尔会告诉你的。"

"啥，副总统都来了，真了不起！"普安特有点儿抑制不住，他想早点见到这位了不起的人物。

庆典开始了，在一片掌声中，副总统戈尔走到麦克风前致词："各位来宾，今天是非常值得庆祝的一天。50年前，就在这里'埃尼阿克'诞生了。它标志着一个新的时代开始了，从此人们驾驭着它，在科学的海洋里和信息的大潮中遨游。它就是摆放在我们面前的世界上第一台电子计算机，它是我们的骄傲，是我们人类进步的象征……"人们热烈地鼓掌。

"啊，原来'埃尼阿克'是世界上第一台电子计算机的名字。我们是在庆祝电子计算机诞生50周年，这可真太好了！"普安特跷起脚尖端起照相机，将埃尼阿克收在取景框中，按动快门。

戈尔继续讲着："我谨向当年研制这台计算机的先

驱者们表示祝贺！”又响起热烈的掌声，戈尔高高举起双手，向全体科学家挥手致意。然后，在全体来宾的注视下，戈尔走向‘埃尼阿克’，走向这个退役后已经沉睡了40年的庞然大物，他郑重地抬起右手，停了一会儿，右手放在启动电钮上。就这样，‘埃尼阿克’在它诞生50周年之际，重新开始执行指令。只见它准确地控制着所有部件，首先打开所有灯，灯光辉映，向人们渲染喜庆的意义；然后它有节奏的使两排前灯闪烁，当闪烁到46下时，标志着它于1946年公开亮相；灯光颜色变化，又有节奏的闪烁到96下，标志着计算机时代开始以来的50周年。普安特手里的照相机把这有意义的历史瞬间记录下来。普安特兴奋极了！

当“埃尼阿克”通过打印机，向全场各位来宾致意时，庆典的热烈气氛进入高潮。

在回家的路上，坐在汽车里的普安特意犹未尽，他向爷爷提出了许许多多关于埃尼阿克的问题。

“爷爷，‘埃尼阿克’真的是世界上能帮助人类的计算机吗？”

“准确地说，埃尼阿克是世界上公开投入使用的第一台电子装置计算机。实际上从世界上有计算机到‘埃尼阿克'经历了漫长的发展历程。世界上的计算机起码可以追溯到19世纪的巴贝奇，他发明过'分析机'，但是他从未获得过专利。后来的计算机是利用'存储器'程序开发的，大大地提高了通用性和实用性。'埃尼阿克'问世以前，图灵曾设计过专门用来破解密码的专用电子装置计算机，但是它从来没有公开使用过。人们开始并不了解它的存在，也没有从中获得过什么启迪。而'埃尼阿克'的问世宣告了科学技术的一个新时期，它是有重大意义的创新。就像哥伦布航海一样，虽然哥伦布不是第一个发现新大陆的欧洲人，可是他却为建设这块大陆的征服者开辟了一条道路。埃尼阿克奠定了以后计算技术发展的基础，所以我们说'埃尼阿克'是世界第一台电子计算机是当之无愧的。"

"爷爷，您说的真有道理。可我还是不明白，'埃尼阿克'以前的计算机为什么不能是世界第一台？它们之间有什么本质上的区别吗？"

"要说计算器的世界第一，就应该是我们人的手指，手指也可以帮助人们数数和计算，但是它们与我们所说的现代计算机毫无关系。后来又有了手摇计算器、机械式计算机、机电式计算机，所有这些计算装置都有一些可动部件，速度很慢。而埃尼阿克和现代计算机都没有动件，它的运算是通过控制电流来实现的。电子装置的开关速度是不可想象的快，这就构成了它们之间本质上的区别。你看看'埃尼阿克'这个名字，它是Electronic Numerical Integrator Ana Computer的缩写ENIAC，意思是电子数值积分计算机，首次使用electronic（电子）这个词来形容computer（计算机）。我们所说的世界第一台，实际上是一个开拓者的意思。我们现在使用的计算机都是根据'埃尼阿克'的设计思想发展而来的，都是'埃尼阿克'的改进、完善和开发的产物，它们清一色地使用电子装置，都是电子计算机。在这个意义上讲，'埃尼阿克'以前的计算机都不可能占有'埃尼阿克'世界第一的荣誉，因为它们在结构上不是一样的。普安特你懂了吗？"

"懂了，懂了。"普安特频频点头。

爷爷接着说："你刚才所看到的'埃尼阿克'，它共用了18 000个电子管，7万个电阻，1万个电容，6 000多个开关，1 500个继电器，每小时耗电140千瓦。总体积大约有90立方米，占地170平方米，重30吨，实际上花费了48万美元。"

"哇！它可真是个价格昂贵的大产品。"

"是呀，'埃尼阿克'确实太昂贵了，但是由于战争的急需，不得不花大价钱来研制它。"

　　"战争？1946年美国有什么战争发生"？普安特好奇地问。

　　"1946年战争已经结束了，但是研制埃尼阿克是前三年开始的，当时整个世界都疯了，第二次世界大战正处在白热化阶段。"

　　"您说的是德国法西斯头子希特勒发动的战争吗？"

　　"对，就是为了消灭德国法西斯，美国陆军弹道研究所急切需要在短时间内计算出各种炮弹和火箭的弹道轨迹表，为研制新武器和拦截德国炮弹时派上用场。这就需要大量的计算，每张火力表都要计算2 000—4 000条弹道，当时一个熟练的计算员用台式计算机计算一条飞行时间为60秒的弹道，要花20小时，即使用大型微分分析机也需要15分钟，这样每张火力表要计算两三个月。战争不允许这样的局面继续下去，于是向计算工具提出强烈的要求，因此政府才出巨资研制符合要求的电子计算机。事实上，当时的决策者是有远见卓识的，是非常英明的。'埃尼阿克'的问世，使计算效率大大提高，一个用人工计算需一个星期的弹道；而用它只需3秒钟。在19世纪，法国人谢克斯，用了毕生的精力将圆周率π的值计算到小数点后707位，而埃尼阿克仅用40秒钟就打破了这项纪录，并发现谢克斯的计算中第528位是错误的，当然以后的每位也都错了。"

"太有意思了！当时的决策者和研制计算机的科学家是为人类作出了伟大的贡献，难怪戈尔副总统深情地向他们致敬。"

"是的，人们应该非常尊敬他们，特别是研究计算机的科学家，他们克服了许多困难，研制工作是非常艰苦的。"

"那么'埃尼阿克'的主要研制者是谁呢？"

"他们不是哪一个人，而是一个志同道合、配合默契的集体。主要有莫奇利（J.Mauchly，1907—1980）、埃克特（J.P.Eckert，1919—？）和戈德斯坦（H.Goldstine，1913—？）。他们的关系是这样的，莫奇利是宾夕法尼亚大学莫尔学院电工系的讲师，参加了陆军编制火力表的工作；埃克特是莫尔学院刚刚毕业的研究生，与莫奇利是师生关系，当时是位工程师；数学家戈德斯坦是莫奇利的朋友，陆军弹道研究所中尉军官。正是由于这些关系，他们才走到一起来了。莫奇利构思了这台计算机的总体方案和电子设计，功不可没；而埃克特的功绩则是解决了使数以千计的性能不稳定的真空电子管得以能相当可靠工作的难题，领衔担任总工程师；戈德斯坦不仅是位数学家，而且具有较强的组织和管理才能，他不仅负责计算机制造的总体管理工作，而且在数学上提供了许多有益的建议，是一名精干的组织管理人才。此外，戈德斯坦的妻子阿黛尔也参加了建造'埃尼阿克'的工作，为这台计算机编写了程序和操作手册。年轻的逻辑学家勃克斯也参加了，著名科学家冯·诺依曼也参加了后期制作。他们都是研制电子计算机的先驱。"

"我要把他们永远记在心里。我觉得如果说'埃尼阿克'是世界巨人，还不如说这些科学家才是真正的世界巨人。"普安特感慨万分地说。

爷爷由衷地点了点头说："看来你参加今天的庆典很有收获呀。"

"可是我还有一个问题，说'埃尼阿克'的诞生标志着一个新时代的开始，有什么道理呢？"

"当然有道理，这台计算机是由控制、运算、存储、输入和输出5部分组成，首先采用电子元件、电子线路（用作电子开关的符合线路、用于汇集从各个来源的脉冲的集合线路、用以计算和存储的触发器线路）来实现逻辑运算、存储信息。其运算速度比当时最好的机电计算机快1 000倍，人们第一次尝到使用电子装置的甜头。1946年2月14日，正好是情人节这一天，'埃尼阿克'公开亮相，美国及世界上的显贵和政府要员们看完它的演示后，都盛赞这台计算机是开始在新的基础上重建科学事业的一种工具。其后的计算机都继承了它的优点，难道不可以说它标志着一个新时代的开始吗？"

"有道理、有道理。"普安特心悦诚服，"爷爷，我再问一个问题：'埃尼阿克'存在不足的地方吗？"

"你问的好！任何事物开始时都不可能是尽善尽美的，'埃尼阿克'存在着两点不足：一是这个庞然大物，很笨重，同时性情暴躁和体弱多病，平均7分钟出一次故障，这都是真空管不够稳定造成的。另外，它采用十进制，使它的电子线路相对复杂，不够简捷，容量也不够大；二是它基本上继承了机电计算机外插式程序结构，使用不方便。外插式程序结构的含义是程序执行的次序，要通过机外的交换线路控制板上的许多连线和开关来告诉计算机；每当程序改变时，就得逐一改变各连接线，扳动各种开关。这不但相当麻烦，而且容易出错，不能充分发挥电子技术的巨大潜力。这些不足后来被我们刚才提到过的冯·诺依曼彻底解决了。"

"爷爷，再给我讲讲冯·诺依曼吧！"

"孩子，你看我们已经到家了。以后我们再继续讲冯·诺依曼吧。"

"爷爷，你可真是一个计算机专家，懂得那么多，难怪请你去参加这次盛会。通过您细致的讲解，我学习了许多电子计算机的知识。"

这一天，普安特和爷爷都非常高兴。

现代计算机之父
——冯·诺依曼

　　根据第一台电子计算机所存在的问题，1946年，参加了ENIAC机后期研制工作的杰出数学家、美籍匈牙利人冯·诺依曼（Johnuon Newmann，1903—1957），提出了设计计算机的新思想，在电子计算机研制方面作出许多开创性贡献。为此人们给他戴上"现代计算机之父"的桂冠。

　　1903年12月28日，冯·诺依曼出生在匈牙利布达佩斯的一个犹太人家里。从孩提时起，他就是一个神童，具有超人的智力，6岁能心算8位数乘、除法，8岁掌握了微积分，12岁就能读懂近代大数学家所著《函数论》一类的专著，叫人惊叹不已。很自然，后来在匈牙利的数学竞赛中他轻而易举地取得了第一名。升入中学后，诺依曼受到了特殊的教育和严格的数学训练，未满18岁就和指导老师合写了第一篇数学论文。他能流利地说拉丁语和希腊语，并在语法修辞方面有真知灼见。诺依曼掌握了7种语言，这成为他在以后的科学研究中不可缺少的工具。大学期间，他同时在两所大学接受理论和技术方面的严格训练，并同时获得苏黎世高等技术学院化学学士学位和布达佩斯大学数学博士学位。

冯·诺依曼有着惊人的记忆力和敏捷的分析能力，他读书几乎过目成诵，思考问题的快速度也令人赞叹。有一次，一名数学工作者对一个问题的5种情况用手摇计算机算了一个通宵，第二天去请教诺依曼，他仅用了7分钟就把这个问题的5种情况的结果算了出来，接着又用半个小时，找到了更好的简捷算法，使请教者佩服得五体投地。

1930年诺依曼应聘去美国普林斯顿大学工作，成为该校高等研究院首批6个常任成员之一（爱因斯坦也是成员之一），从此他就始终站在科学研究的最前沿。诺依曼是20世纪最有成就的科学家之一，他是作为化学工程师开始进行科研工作的，后来改行搞数学理论物理。在纯粹数学、应用数学、计算数学方面都有创造性的突出贡献；在统计学、流体动力学、弹道学、气象学、博弈论等许多领域都有重大建树。他参加了研制原子弹的曼哈顿计划，是美国总统任命的国家原子能委员会委员、导弹顾问委员会主席，还是美国数学学会主席，首届爱因斯坦奖和费米奖获得者。从诺依曼这些头衔和荣誉，你可以了解到诺依曼是20世纪科学王国中多么骁勇的功臣。然而，有一个问题始终困扰着诺依曼：在研究原子核裂变反应过程中需要大量的计算，计有10亿次以上。这些10亿以上次的运算大多相当初等，只需在裂变反应的传播过程中作出可不可行的"是"与"否"的回答，也就是说，这些大量的计算仅要得出一个"真"与"假"的逻辑解，是纯粹的初等逻辑运算。而当时的计算机在逻辑运算方面是非常欠缺的。诺依曼针对这个问题一直在思考着。一个偶然的机会，诺依曼被引向电子计算机的研究。

一天，诺依曼与正在参加制造ENIAC的戈德斯坦在火车站见面了。戈德斯坦早就听说过诺依曼这位世界名流，便主动作自我介绍，两个人热情友好地攀谈起来。当戈德斯坦谈到正在研制电子装置计算机时，诺依曼的眼睛为之一亮，谈话的气氛一下子变了，他急切地询问ENIAC的情况。戈德斯坦介绍ENIAC用真空电子管构成基本逻辑单元，有电子线路和逻辑运算功能，其速度可以提高1000倍时，诺依曼非常兴奋。他迫不及待地提出要看看这台尚未出世的机器。几天后，诺依曼来到莫尔学院，认真仔细地观看了这台电子装置，然后询问了机器的逻辑结构和整体设计思想。凭着他的天才，他太知道这台机器的与众不同了。以后诺依曼就成了莫尔小组的常客，并直接参与了研制工作，提出了许许多多的改进和完善意见。不过这时ENIAC制造已经接近尾声，不可能大改大动了。这是非常遗憾的事，大家都认为诺依曼来得太晚了，可是他的意见使这里的科学家们站得更高了，使他们彻底了解了ENIAC的不足之处。

于是在1945年3月，诺依曼和莫尔小组一起开始设计和研制一台全新的存储程序通用电子计算机，称之为"离散变数自动电子计算机"，即"EDVAC"，对"ENIAC"做重大改进。诺依曼总结了ENIAC的优点，明确规定这台计算机由5部分组成：即运算器，逻辑控制器，存储器，输入和输出。这5部分有各自的职能和相互联系。

第一个改进是变十进制为二进制。采用二进制的优点，是因为电子元件或线路比较容易实现两个相互对立的稳定状态来代表两个不同的数码，例如电压的高与低，正与负，电子管的通与断，电讯号的有与无，磁芯的两种不同的剩磁状态等等。而且这两种状态可以在非常短暂的瞬间互相转换。这要比用10个不同的稳定状态来表示十进制里的10个数码要简单得多。人们可能会想到，二进制的每一位只能表示0和1，和十进制相比，在表示同样一个数字时，若用二进制表示，位数就会增加很多，在运算处理时要带来麻烦。但是如果你仔细地想一想，既然二进制位数增多了，但是在处理每一位时，由于一位仅有"0"和"1"两种状态，处理起来就会变得简单多了。这种简单大大地抵消了位数增多而带来的麻烦。使数与数之间的运算变得简单是重要的，电子元件和线路的高速度，可以使二进制位数增多忽略不计。所以诺依曼认为电子计算机中的存储器和运算器按其性能来说最适于二进制，而且执行基本运算时最简单也最快。另外，诺依曼指出，就计算机的性质讲，主要部分并非运算而是逻辑，而新的逻辑是真与假的二值系统，所以计算机应采用二进制。

　　EDVAC方案的另一个重大改进是把程序的外插型改

为存储程序。只要把一些常用的基本操作制成电路，每一个操作都用一个数来代表，于是这个数就可指令计算机执行某项操作。解题时，根据解题要求，用这些数来编制程序，并把程序同数据一起放在计算机的内存储器里。当计算机运行时，它可以依次很高的速度从存储器中取出程序里的一条条指令，逐一执行，完成全部计算的各项操作。这样存储程序使全部运算成为真正的自动过程，充分发挥了电子元件高速度的潜力。把程序外插变成"程序内存"，是计算机结构思想的一次最重要的改革，它标志着电子计算机时代的真正开始。计算机专家们认为，诺依曼是第一代电子计算机的实际发明者。

由于种种原因，诺依曼和莫尔小组研制的EDVAC陷入困境，制造工作耽搁下来。1949年5月，世界上第一台程序内存计算机（冯·诺依曼机）在诺依曼的学生威尔克斯（M.V.Wilkes）的领导下研制成功并投入使用。这是英国剑桥大学数学实验室完全按照冯·诺依曼的理论和方案制成的EDVAC机，威尔克斯是诺依曼等人在莫尔学院举办"电子数字计算机设计的理论和技术"讲座时培训出来的学生。美国的第一台EDVAC机是1950年完成的，名字叫做SEAC机。第一台商用EDVAC机在埃克特和莫奇利的指导下制造成功，名字叫UNIVAC—I机，1951年交付人口统计局使用。同在1951年，由冯·诺依曼亲自设计和参与制造的"完全自动通和数字电子计算机"研制成功，简称IAS机，它是EDVAC的改进型。该机采用了并行运算器；以并行存取的静态存储器代替串行动态存储器，全机用了2 000个电子管，效率比ENIAC机快几百倍。后来，该机一次次地被加以制造和仿造。苏联、前联邦德国、瑞典等国家的计算机也受到IAS机的很大影响。至此，第一代电子计算机已经成熟，进入生产阶段。

电子计算机在新技术革命中的地位的确是太重要了。过去人类发明创造各种机械和动力设备，主要是为了代替和增强人类的体力劳动能力，是人类手的功能的扩大和延伸；而电子计算机则主要是加强和部分代替人类大脑的功能。几千年来人类的计算和利用信息都是通过自己的大脑活动，电子计算机的出现，使人类不仅有了计算工具，还有了一个处理信息的重要工具，这是随着计算机的进一步发展，人们才越来越清楚地认识到的。电子计算机的发展已经有50年的历史了。在历史的长河中，这不过是一瞬间，可从计算机更新换代，从使用材料到整机设计上，都发生了重大的变革。

第一代计算机从1946年开始延续到1959年。第一代计算机使用电子管，机身庞大，成本昂贵，需要大量空气调节，并且耗电很大。运算速度是几千次/秒—几万次/秒，它是为科学计算而设计的。

第二代计算机从20世纪50年代末期开始，其特点是用晶体管代替真空电子管。其体积变小，价格降低，几乎不发热，耗电很少，运算速度提高到几万次/秒—几十万次/秒。此时，计算机开始在工业上得到应用。

第三代计算机从20世纪60年代后期开始，其特点是使用了集成电路。这并不是一个新电子材料，集成的含义是将许多的电子器件（如晶体管、电阻等）装到同一个芯片上。事实上，一个电路的组成无非是把具有不同功能的独立元件彼此焊接，组装成一个整体的过程，这是一个先生产独立元件，再组装合并的分而合的往返。为什么不可以将各分立元件直接集合在整体材料上呢？为什么不可以在整体材料上把各分立元件的功能直接体现出来呢？这不就免去了分而合的往返吗？这就是集成电路的根本设计思想。使用集成电路的计算机可靠性大大地提高，体积大大的缩小，运算速度几十万次/秒—几百万次/秒——商品化计算机出现了。

第四代计算机从20世纪70年代初期开始，使用了大规模集成电路（LSI），其运算速度是几千万次/秒—几亿次/秒，各种多功能通用计算机层出不穷地问世。

计算机的划代

代	年 份	关键器件（出现的年份）
孕育期	1946—1950	电子管（1906）
第一代	1950—1959	电子管
第二代	1960—1964	晶体管（1947）
第三代	1965—1970	集成电路（1958）
第三代半	1970—1979	大规模集成电路（1967）
第四代	1980—	超大规模集成电路（1978）

目前，计算机的种类简直太多了，有大型机、中型机、小型机、微型机、膝上机、笔记本机和运算速度上亿次或几百亿次的巨型计算机，如我国研制的银河计算机。几乎所有这些计算机都采用冯·诺依曼的基本设计思想：即五大块：运算器、控制器、存储器、输入和输出；采用二进制内部计数制，内存式程序控制。因此这些计算机都可以称为是"冯·诺依曼机"。不论计算机如何改进和发展，冯·诺依曼对计算机理论和技术的贡献，将永远像一座丰碑，矗立于现代科学技术的历史中。

电脑"小兄弟"

计算机家族中的"小兄弟"——微型计算机系统问世较晚，至今才有21年的历史。它是计算机技术和大规模集成电路发展的产物。然而就是这迟来的"小兄弟"，却成了计算机大家族中的一代天骄，它使计算机得到极大的普及，使人们真正地感到计算机是看得见、摸得着、用得上的东西了。

1968年深秋的一天，在美国创业伊始的英特尔公司（INTEL）大门口，一场非常简单、非常诚挚、让人激动不已的欢迎仪式开始了。早已等待在门前的总经理面带微笑，忙不迭地向一位刚刚走下"的士"的年轻人迎了上去，他们热烈拥抱后，总经理又紧紧地握住年轻人的手使劲地摇了又摇。"欢迎，欢迎，太欢迎你了！你让老哥我真是望眼欲穿呀。"接着他恭恭敬敬地把来者请进INTEI公司的大门，并紧紧地抓着来者的手不放，似乎害怕一松手此人就会溜走。这位求贤若渴、礼贤下士的总经理可不是一般人，他是英特尔公司创始人、大名鼎鼎的集成电路发明者诺依斯（N.Noyce）。

要说诺依斯对集成电路作出的重大贡献，那是全世界公认的。早在1959年，在美国仙童公司任职的诺依斯研究出一种平面工艺，特别适合于制作半导体集成电路。他巧妙地利用二氧化硅对各种杂质的屏蔽作用，在硅片的二氧化硅薄层上蚀出窗口，在这些窗口中扩散具有一定特性的材料，从而形成具有不同功能的各种元器件。这一技术可以把晶体管和其他功能的电子元件压缩到一小块半导体硅晶片上。为此，诺依斯和集成电路理论创始人基尔比（K：lby）被公认为集成电路的发明人。

在仙童公司干了十几年的诺依斯可不想当一辈子"打工仔"，他早有另立大旗之意。这些年的经验积累，使诺依斯已经是胸有成竹。一天，诺依斯与仙童公司的两位"下属"说明了另立炉灶的意思，工程师奈特也有此意，点头称是。而芯片设计专家、工程师范金（F.Fagsin）颇有难色，他说："我手头还有一个项目没有完成，另外老板对我不薄，等一等再说吧。"对范金的拒绝，诺依斯并没有灰心，他知道一流人才绝不会是轻易而得的。为此。他又从IBM公司挖来了一位布莱尔，就这样他竖起杆INTEL的大旗。开张时只有11个人。谁知开张后，奈特和布莱尔迟迟不来报到，诺依斯左等右等，望穿秋水，不见人影。打长途电话催，才知道布莱尔留恋纽约的舒适生活．打了退堂鼓。奈特由于种种考虑也不给诺依斯的面子，婉言谢绝了前任"老总"的盛情。

诺依斯心里好不焦急，他抓起电话，找到自己的老朋友斯坦福大学教授、大名鼎鼎的"硅谷之父"特曼。

"喂，我说老朋友，你得帮兄弟一把，我急需人才。"

"对，对！当然要最优秀的。"

"什么？你的学生，博士。行！"

"特德·霍夫。我记住了。"

"可千万不要出差头了，拜托了。"

不久，在INTEL公司办公室里，诺依斯与特德·霍夫（Ted.Hoff）攀谈起来，诺依斯两只眼睛不断地注视着霍夫，好像要透视一下这个年轻人的大脑里装了多少知识。特曼教授的介绍使他暗自高兴，他"收罗"到一块价值连城的"瑰宝"。

31岁的霍夫，浓眉大眼宽额头，宽边眼镜衬托出一副学者风度，他可是聪明透顶的杰出的人才。一年夏天，刚刚中学毕业的霍夫，利用暑假期间在铁路信号公司打工，为几个工程师打打下手。这些工程师们正在研制一种信号装置，想利用铁轨传导的声音，探测火车的距离。说起原理似乎很简单，不就是装个电子放大器，设法接收远处火车轮子传来的隆隆声吗？其实不然，铁路运输最担心的是安全，假如这个放大器出现一丁点儿差错，发出错误的警报，就可能酿成一场灾难。这些工程师试验过各种电子线路，均不够理想，正当一筹莫展的时候，在旁边观看的霍夫说出一个绝妙的点子。他提出的电路一反常规，不用放大元件，能大大减少误报的可能性，因为干扰信号的杂音只能是暂时的、一带而过的，而只有火车真正来了的声音才是持续的、长时间的，只要能滤去瞬间的干扰信号的装置就可以了。就这样，"打工仔"摇身一变成了课题负责人，霍夫取得了他的第一个专利。大学二年级的霍夫又利用课余时间，获得他的第三个发明专利，他用计算好的线圈包代替从空中一直到地下的避雷线，发明了另一种避雷器。斯坦福大学毕业的博士，留校担任6年助理研究员的霍夫，真可谓是"满腹经纶"、"学富五车"了。导师特曼教授力荐他去和诺依斯一起干一番事业，这样，他来到了英特尔公司，成为诺依斯的第12名雇员。

总经理诺依斯谈到正题上来了："我委任你为英特尔公司应用研究部经理。工资待遇吗，从优。研究部的第一个任务是与日本比西康公司合作制造一套台式计算器；日本人正在设计集成电路图纸，我方只承担芯片材料方面的辅助任务，估计明年日本人将拿出全部设计。"

日月交替，斗转星移，1969年日本人远涉重洋带来了他们的全部设计。日方工程师没想到合作者竟是如此年轻，心里生疑，嘴上还是满客气地说："初次见面，请多关照。敝公司准备用6—8块芯片组装这种计算器，这是我们的设计方案，请先生不吝赐教。"

霍夫定睛一看，好一个复杂的设计。有控制键盘的电路、有控制打印的电路、有专管运算的、还有用来控制存储的。霍夫心想："这些日本人，想把整个集成电路家族都搬上来吧。"可既然是合作研究，所以总得有个全面了解再说话。霍夫将日本人客客气气地送进宾馆，然后把自己关进实验里，静下心琢磨起来。

这一琢磨就是3个月，霍夫整天面对图纸沉思。控制计算、控制键盘、控制打印、控制贮存……是呀，任何电脑不都是由这些部件组成，日本人的方案无懈可击。可这些东西加在一起，有10块芯片，再加上其他辅助电路，计算器的成本和体积无论如何也降不下来，怎么办呢？

一天晚上，夜深人静。霍夫感到很累了，他揉了揉熬红的眼睛，直起身，活动一下麻木的肢体，把目光暂时从图纸上移开。墙上"电语之父"贝尔的肖像正微笑着，似乎要开口对霍夫说话，一句格言写在肖像的下边："有时需要离开常走的大道，潜入森林，你就肯定会发现前所未有的东西。"这句话使霍夫如梦初醒，豁然开朗。日本人的方案为何搞得如此之繁琐，他们是沿用了各种控制模块独立功能，为什么不可以把它们搬搬家，来一个排列组合，把计算机的所有逻辑电路设计在一个芯片上，而将输入、输出和存储器电路放在另外的芯片上呢？真是"山重水复疑无路，柳暗花明又一村"。他猛地打开笔记本，奋笔疾书：

1.将日本设计的台式计算机的逻辑电路压缩成3片，即中央处理机、存储器和只读存储器；

2.利用只读存储器提供驱动中央处理机工作的程序。

通过几天通宵达旦的工作，霍夫把自己的想法变成了一个完整的设计。他感到非常满足，他是把控制电路和运算电路巧妙地组合在一起，构成一个合理的整体。由于驱动需要，中央处理机还必须包括存放指令的存储器。

8月的一天，霍夫第一次将自己的设计方案介绍给合作者。没想到日本人的反应是相当的冷淡。几位代表听完他的讲话后都默不作声，过了好一会儿，其中一个站起来，对霍夫冷冷地说道："感谢您的好意，先生，我们懂得怎么设计计算器。"言下之意很清楚，你边上儿玩去，别在这里多事。

霍夫怏怏不乐地退了出来，找到诺依斯，把自己的想法和日本人的态度汇报给他。没等他把话讲完，诺依斯从座位上跳了起来，"太妙了，特德！别去管那些日本人的态度，我十二分支持你。"

有了头头的撑腰，霍夫再次约见合作者，讲话的口气也变了。他清了清喉咙，用坚定的语调说："请各位仔细看一看我的方案，我们设计的东西将比计算器功能强得多。只要给它编程序，它可以成为计算器，可以成为通讯终端，也可以用来做控制……"。这一次，日本人拿走了方案，当第二天回复霍夫时说："我们希望这东西确实有您说的那样奇妙。"

说干就干，霍夫要动手实施自己的设计了，可是，英特尔公司不太懂如何制造芯片。还是总经理诺依斯有能耐，他把仙童公司芯片设计专家范金在关键时刻"挖"了过来。范金马上投入工作，他为霍夫的方案画出了线路图。当线路简捷、条理清晰、布局合理的图纸送到霍夫面前时，霍夫高兴地抱着范金跳了起来，大声称赞是一份"干净利落的蓝图"。有了线路图纸，以后的工作就是使用平面工艺制造集成电路了，这是INTEL公司从总经理到众多员工的拿手好戏。

当日历刚刚翻到1971年的元月，以霍夫为首的英特尔研制小组，完成了世界上第一个"芯片上的计算机"——微处理器。微处理器是"冯·诺依曼机"五大部分中控制器和运算器的总称，也叫中央处理机（Central ProcessingUnit），缩写CPU。它把计算机的所有控制功能、运算功能集于一身，实际上也就是把计算机的功能融于一身，说它是处理器一点都不过分。因为"冯·诺依曼机"剩下的三大块存储器、输入装置、输出装置也由它来管理。对于任意外部设备，只要存在连接它的接口电路，微处理器就会成为它们的大脑，控制它们，指挥它们。另外，微处理器本身是"裸机"，仅当根据不同需要在微处理器内部的存储器中放入程序时，微处理器才变成相应功能的大脑，而程序是固化在微处理器中的，由生产厂家放入，这就大大地增强了它的通用性和实用性。

霍夫在第一块微处理器上，总共集成了2 250个晶体管，只有1.27厘米宽和大约2厘米长，比当年的"埃尼阿克"的计算能力还要强。"埃尼阿克"占地170平方米，而微处理器小到几乎不用占地。英特尔公司命名它为4004。从此英特尔成为世界上生产微处理器的巨头，差不多每隔两三年就更新换代一次，垄断了世界上的几乎所有微处理器市场。微处理器被广泛用于电子游戏机、家用电器、汽车仪表、袖珍计算器、电子秤、军事装备。

以微处理器为主，做成一个独立的微型计算机系统——个人计算机，还得说这是一个19岁的青年人沃尼亚克的杰作。

1975年，惠普公司年仅19岁的职员沃尼亚克玩微处理器，玩出了一个高招来。沃尼亚克不甘心计算机总是站在实验室里，为什么不能把它们搬到家里去，为什么不能像游戏机那样使其计算结果是可以看得见的。他找来一个微处理器、一个输入键盘和一个屏幕显示器，设计了一个连接它们的接口电路，然后用程序来控制屏幕上的图画，微处理器很乖巧地听从沃尼亚克的指挥，不断地改变屏幕上画面和深浅度。沃尼亚克玩得很开心。为了保留动态画面，沃尼亚克又加上一个外部存储器，以存储自己编好的程序。正当沃尼亚克玩得过瘾时，他突然发现，这不就是微处理器（运算器、控制器）、存储器、输入装置、输出装置这计算机系统必不可缺的五大部分吗？何不把它们组成一个小系统，使这小得多的装置可以很轻松地搬来搬去。这样由主机（微处理器、接口电路、存储器）、输入键盘及输出显示器构成的微型计算机系统就造出来了。但是惠普公司当时对这种"小玩意儿"不屑一顾。于是沃尼亚克和他的一个朋友一起创办了另一家计算机公司，取名苹果（APPLE）计算机公司，造出了外形美观，使用彩色显示的苹果—II个人计算机。苹果机获得前所未有的成功，它被认为是微型计算机发展的第一座里程碑。苹果—II销售量之大，使起初的"两人小作坊"，在短短的6年中就发展成为有4 000多雇员的大公司，一跃挤进全美国500家大公司之列。从微型计算机的出现开始，它就显示了强大的生命力，它使得计算机的应用领域大为扩展，打破了过去计算机只安装在机房内使用这样一个狭小的范围，使之几乎渗透到各个领域。微型计算机之所以能在计算机应用中独占鳌头，扮演一个非常重要的角色，最根本的一点就是它的体积小，功耗低，可靠性高，价格便宜，特别便于普及，所以迅速占领了军事、工业、交通运输、通信、医疗、出版印刷及日常生活等各个领域。微型计算机的普及也带来了它的飞速发展，微型计算机差不多2—3年就更新换代一次。现在微型计算机已经跨入第五代，它的处理能力已达到64位，速度在每秒百万条指令以上，而且还在继续发展中。

这一辉煌的前景，早就被发明微处理器的特德·霍夫博士言中了。他预测：我们正处在一场大革命的前夜，天下大势，浩浩荡荡，顺之者昌，逆之者亡。这场革命将持续至少50至100年。

打开潘多拉盒子

　　古希腊神话中，天神普罗米修斯为了拯救人类，盗取了天火带给人间，并教会人类使用火。天神宙斯为了惩罚世人，制造了一个美丽而奸诈的女人潘多拉，并将其嫁给普罗米修斯的弟弟厄庇墨透斯。厄庇墨透期不顾哥哥的警告，收下了潘多拉和一个里面装满人间一切祸害、灾难和疫病的盒子。盒子玲珑剔透，潘多拉为好奇心所驱使，不顾禁令打开盒子，放出了各种灾祸，人类从此开始遭受灾难。

　　1979年1月5日，美国福特汽车公司的工人威廉斯正在检修一台出了故障的电脑机器人。该机器人内部装有较为先进的微处理器系统，力大无比，能将汽车发动机高高抬起，准确无误地放在机座上，然后用铁臂旋好固定螺丝。今天机器人好像出了点毛病，不能准确地执行指令，威廉斯正在试图修复它。突然机器人发起疯来，它将铁臂高高举起，对准威廉斯猛击过去，来不及反应的威廉斯没有躲开这致命一击，脑浆迸裂，死于非命。机器人暴跳如雷继续向惊呆了的工人发威，直到关掉电源才制服了这个机器杀手。事后，福特公司和制造机器人的厂商联合调查，并没有找到机器人发疯的理由。死者家属诉于法庭，经过4年漫长的审理，法院最终判决机器人制造商应向死者家属赔款1 000万美元，因为制造商没有给机器人装配警报装置和安全系统。这是一个血的教训，计算机控制系统是一个非常复杂的系统，它由成千上万个元器件组成，一个环节出了毛病，就能酿成大祸。

1983年，美国南加利福尼亚发生了一起叫人啼笑皆非的交通阻塞事件。南加利福尼亚娱乐公司总经理贝利及一家去海滩游泳，回来的路上，娱兴未尽的孩子为了开玩笑，把该公司生产的DC-2型家用机器人从汽车中放到马路上。结果这个1.2米高的机器人大出风头，在大街上溜达起来，时而到处找人握手搭话，时而站在汽车面前，向司

机举手示意，一时招来许许多多的围观者，造成交通严重
阻塞，近百辆汽车无法通行。两名警察闻讯赶来，机器人
毫不在乎，还跟警察打哈哈、开玩笑。警察无奈只好对贝
利一家以扰乱社会秩序罪进行罚款，并拘留该机器人24小
时。

1989年，苏联具有世界水平的国际象棋大师尼古
拉·古德柯夫，当着几百名棋手和棋迷的面与一名计算机棋
手对弈。第一局古德柯夫取胜，计算机棋手称赞古德柯夫
"下得好"；第二局古德柯夫一度处于劣势，在改变棋招
之后，侥幸取胜；第三局古德柯夫已经找到了计算机棋手
的弱点，杀得它一败涂地。在第四局时，见大势已去的计
算机棋手在金属盘上放出强大电流，陷于深思的古德柯夫
只顾对弈，碰到了金属盘，触电身亡。警方以为是计算机
漏电，经过仔细检查，发现计算机一切正常。有人认为是
计算机棋手通过控制器加大电流暗害对手以求报复；有人
则认为，计算机棋手还不具有人的思维和感情，不可能是
故意杀人。后来查明这一事故是由于电子雾，也就是外来
电磁波的干扰，使计算机棋手内部程序紊乱，动作失误所
造成的。

如果因计算机功能失灵而导致"犯罪"，那么这属于

无意，是可以改进和完善的。但是，计算机既然是一个工具，各种各样的人就可能将其用于各自的目的。

14岁的小朋友刘帅是个电脑游戏迷，他想方设法求同学的哥哥弄来一套《三国演义》游戏盘。刘帅如获至宝。拿回家后把游戏拷贝放到爸爸的微机里。一天，正当刘帅沉醉在张飞战马超的真刀真枪的厮杀中，突然，电脑屏幕上出现一条色彩斑斓的毛毛虫，它活灵活现地向前蠕动，所到之处文字图像全部紊乱。开始，刘帅不知道是怎么回事，一会儿，电脑已经控制不了了，无论刘帅按什么键也无法让电脑停下来，最后电脑出现"死机"。当刘帅反应过来时，赶紧关机，但已经晚了，电脑数据严重丢失，爸爸辛辛苦苦写的10万多字的书稿面貌全非，书稿给毁了。刘帅惹了大祸，爸爸非常生气。

爸爸请来的计算机专家崔叔叔也没有办法把丢失的数据恢复到满意的程度。崔叔叔告诉刘帅，造成电脑不正常工作，数据严重丢失的罪魁祸首是一种叫计算机"病毒"的坏程序干的。它是通过非法拷贝附着在游戏盘中，又通过拷贝游戏程序进入硬盘，而一起进入爸爸的微机并隐藏起来。它并不是一开始就干坏事，而是在潜伏期内大量地进行自我复制。这样微机内部到处都可能有这个坏程序的复制品，等到条件成熟后，坏程序被激活发作，它公开亮相，公开干坏事，大肆进行破坏活动。这就是爸爸的微机遭受破坏的全部过程。

在医学上病毒是一种非常小且不容易发现的疾病传播媒体。它进入细胞或附在细胞上面，当细胞繁殖时病毒也同时繁殖。在某种情况下，病毒会被激活，这甚至可能会毁坏被感染的组织。病毒是导致人体各种疾病的原因。

计算机病毒就像其他程序一样也是一种计算机程序。制造病毒者已经赋予这些程序把自己附着在其他程序上并进行自我复制的能力，而且在某种情况下，它们能够损坏计算机系统或损坏保存在计算机系统中的数据或程度。因为这些程序的很多特性都是模仿疾病病毒的，所以我们使用"病毒"一词，来作为恶意干坏事的程序的代名词。

根据美国计算机安全协会统计，全世界微机病毒总数已有5 000种以上，而且还有一些是多型性病毒，一种能衍生几种病毒，病毒的种类远远超过人们估计的数字。计算机病毒对计算机系统的危害是多方面的，但主要可以归纳为3种表现：①电脑的显示屏幕上出现异常现象，无法正常使用，破坏存储数据；②与存储器中的程序争夺有限存储空间，为此冲毁或改变存储器中及缓冲器中的内容和数据；③干扰正常操作，使运行速度下降，直至最后停止工作。到目前为止，被发现的计算机病毒机理基本上是一致的，而且并不复杂：它附着在存储器的程序上，而计算机执行自己的程序时，也就执行它了，这时病毒被激活，它判断符不符合发作的条件，若不符合则抢先找到满足复制条件的程序，而这样的程序一碰上它，它就复制一个"自我"留在程序中；一旦符合发作条件，它就公开干坏事。通过计算机病毒执行的流程图，我们可以一目了然地弄清病毒潜伏期的行动。

　　计算机病毒是如何产生的呢？它们的制造者可能出于各种各样的目的，基本上可以归纳为两种动机：一种是具有较高水平的计算机迷，他们为了显示自己的才能和创意，编制病毒程序以引起轰动效益，跟科学开玩笑；另外他们还可能被诸如"我的系统是不可攻破的"之类挑战的诱惑，专门制造病毒程序，攻破堡垒，以得到"自我成功"的乐趣和"打败敌人"的专家荣誉感。刚刚推出不久，目前被誉为最完整的操作系统Windows 95，已在全世界拥有1 000万用户，人们信赖它的安全性和可靠性。可是最近已逢杀手，有一种专门针对Windows 95的病毒，名字叫"B02A"，不仅可使Windows 95的操作系统陷于瘫痪，而且具有极强的传染性。病毒的制造者尚不得知，据传可能是澳大利亚某个著名的病毒制造集团。还有一种则是为了保护或惩罚自己的软件被别人偷偷地复制和使用而设计制造病毒，专门破坏私自复制他们软件的计算机系统。巴基斯坦病毒就是两名巴基斯坦商人为保护自己的版权，惩罚非法复制软件而编制的破坏性程序。该病毒附着在他们生产的软件上，销售出去的软件一旦有非法复制现象，就释放病毒，并传染其他的非法复制者，该病毒隐藏在计算机系统中，不断地干扰和破坏计算机的正常工作，而且还很难找到它的准确位置。

计算机病毒危害是惊人的。1989年9月，耶路撒冷病毒使荷兰10万台电脑失灵；1989年10月上旬瑞士邮电系统部分电脑由于病毒侵入而瘫痪；1990年初，得克萨斯州一家公司由于电脑病毒之故，致使该公司17万名职工推迟一个月才领到工资。1988年11月2日，美国康奈尔大学的研究生莫里斯将自己设计的电脑病毒侵入美军电脑系统，致使6 000多台电脑瘫痪24小时，直接经济损失1亿美元，莫里斯因此于1990年被判刑三年并缓期执行。另外，还有一个既害人又害己的例子。美国得克萨斯州一家公司的一名程序设计师，害怕老板抄他的"鱿鱼"，在电脑系统中埋伏下一种病毒，一旦他被老板开除后，电脑得不到他的指令，隐藏下的病毒会发作，替他狠狠的报复一下老板。果然，工程师真的被裁减下来，不久电脑系统突然失灵，系统中的资料数据被清洗一空，168 000个销售委托书全部化为乌有，公司受到极大的损失，而这个设计师也被罚款12 000美元和10年监禁。这是一个让大家引以为戒的教训。

另外，在海湾战争结束后，又出现了"计算机病毒可以用来进行电子战"。目前，正在引起全球军界的关注。在海湾战争中，美国对巴格达总司令部的计算机中心施放病毒。据德国新闻机构报道，海湾战争前夕，伊拉克在法国一家公司订购了一批打印机，准备用于军事指挥部门，美国情报人员获得这一消息，顿生妙计，将一块带有病毒的集成电路偷偷装入伊拉克订购的打印机中。这块带病毒的芯片是由专门负责美国密码和电信侦察的国家安全局的专家设计制造。在海湾战争期间，美军内部使用的几千台微机曾沾染了"耶路撒冷-B"和"stoned"等计算机病毒。在"沙漠盾牌"行动期间，美国特意请了一批计算机安全专家，对即将投入"沙漠盾牌"行动的微机进行一次检查，结果发现了3种类型的计算机病毒。使美军和这些安全专家们感到庆幸的是，这些病毒是在开战前就检查出来了。然而使美国人感到后怕的是，假如有任何一部带有病毒的系统被用到了海湾战争中，其结果是不堪设想的。对于军事系统来说，计算机病毒正在发展成为一种新的电子战形式。现代战争中，电子战贯穿于战斗过程的始终，首先要打的便是病毒战。

正当人们利用计算机病毒进行犯罪、战争和破坏的事件频频发生时，权威人士预测，在21世纪的恐怖活动所采用的几种新式武器和手段中，计算机病毒将排名第二。计算机病毒就像恐怖的幽灵一样，时刻威胁着计算机系统的安全。"道高一尺，魔高一丈"，就在计算机病毒施展淫威时，人们也正在加紧研制消灭计算机病毒的方法。目前使用的解毒程序、软件狗和防毒卡，都是保护计算机系统的哨兵，它们从检查、诊断、修复几个方面入手，消除病毒及复制品，并自动产生免疫力，防止病毒的再一次侵入。但是，消灭病毒大都是针对已知病毒而言的，都是在取得了样本，解剖分析后，才设计出有效的解毒办法，而在此之前，病毒已经传播泛滥，所以防毒工作往往是被动的。所以难防患于未然，但不管怎么说，防止计算机病毒破坏计算机系统的工作一直在研究中。据知，美国第五代系统公司发明了防计算机病毒的"不可接触者"方法，可以在病毒造成危害之前把它查出来。而我国生产的瑞星防病毒卡，不但获得国家的技术进步奖，而且在全世界用户中大受好评。

　　潘多拉的盒子已经打开了，为了避免我们的计算机遭受不必要的损失，请切记不要非法拷贝别人的软件，到信誉好的软件经销商那里去买你所需要的软件，因为这些软件大多是以压缩形式存储的，病毒找不到可乘之机，无法感染这些软件盘，这是最安全的措施；每当你得到一个新软件时，一定要写保护后再放入驱动器中，拷贝到硬盘上。以原装盘为源盘，做一个备份，周期性地与硬盘相同程序作比较，以便尽早发现异常现象，清除隐藏其中的病毒块；请你不要将软件随便外借，以免造成麻烦。

人是电脑的主人

　　随着计算机的改进、完善和发展，用计算机代替人的某些智力劳动和模仿人的某些思维活动已经成为现实。现在我们使用的计算机，其计算速度和计算能力已经大大地超过了人类，人们正是利用计算机这一优点，让它帮助人做某些"思考"。

　　第一台让人感觉到计算机真正有"思考"能力的是IBM公司的塞缪尔（A.Samael）设计制造的跳棋机。这台机器1955年公开亮相后，一鸣惊人，战胜过许许多多与它对弈的人，其中不乏跳棋好手。这台跳棋机不但有快速计算的功能，还具有自组织、自适应、自学习、能积累经验的功能。它在与人类进行智力较量中，不断地提高自己的棋艺。1959年，这台跳棋机已经能战胜程序设计者本人塞缪尔了。1962年，还是这台机器击败了美国一个州连续8年的跳棋冠军尼利，达到了冠军级水平。直到今天，这台跳棋机还在与人进行智力比赛。它好像一名优秀棋手一样，能预先看出往下的几步棋的变化情况，这存储器中存放了17 500幅棋谱。每次下棋时，都能从中筛选出较为实用的棋谱，并根据棋谱中所推荐的走法，认认真真地进行对弈。

另一个说明计算机在某些抽象思维方面能很好地帮助人类的例子是，它解决了一个世界难题。哥德巴赫猜想、地图四色问题和费尔马大定理是现代数学中最尖端的三大难题。不知有多少数学家为此艰苦奋斗一生，试图来证明它们，哪怕是有一点点进展，也不枉费他们毕生的精力。1976年6月，传来了一个震撼全世界的消息：地图四色问题被成功地解决了，而这一难题的证明过程是通过计算机得到的。

什么是地图四色问题呢？在一张地图上有很多国家。为了把相邻的两国明显地区分开来，在画地图的时候要对相邻的国家涂以不同的颜色。这样，地图就是一个有不同颜色的图画。如果以"任何两个相邻的国家不允许涂同一种颜色"为原则，并不需要太多的颜色，只要4种颜色就足够了。人们曾经画出成千上万张地图，验证了4种颜色的实用性，并试图举一个反例来推翻它，就是非得用5种或5种以上的颜色才能将某张地图的相邻国家区分开来，可是没有一个人能举出此例。然而一个数学问题的成立，必须依靠严谨的理论推理过程，尽管有一代又一代人去努力，始终没有证明出来。美国伊利诺斯大学的两位教授阿佩尔和哈肯，改变了前人一直使用的方法，把他们的思考交给计算机去做，结果证明了这个猜想的正确性。他们的方法是把地图划分成2 000多个不同类型的图，然后在3台电子计算机上共用了1 200小时的时间，验证了这2 000多个特殊类型的图，完成了定理的证明。1976年6月，他们发表了这一结果，四色猜想终于变成四色定理。这一定理的证明进一步扩展了计算机的应用，它显示了计算机在代替人的脑力劳动方面还可以做更多的事。

计算机到底能不能有思维呢？开始有人持否定态度。他们认为：计算机和别的机器一样从来不会有思考，它们不会有创造性和自主性，它们是靠人的思维和指令行事。以上的两个例子，也不能说计算机有了像人一样的创造思维。因为它们只不过是将人的经验、棋谱和推理方式照搬照用一遍罢了。如果没有人对棋谱的理解、没有教授对四色问题图形的一切可能形式的划分，计算机还能干什么呢？但是持另一种观点的人，举出了在美国斯坦福大学的一个实验，用来说明计算机是有思维能力的。

1969年的一天，一个叫做赛克的机器人，在斯坦福大学的实验室里，接受做"猴子摘香蕉"式的智力实验。赛克体内装有一部电脑和带有视觉功能的装置。它的任务是爬到屋子中间的平台上，把那里的一只箱子推下来。实验开始时，赛克走向平台，试着爬上去，可是由于平台太高，试了几次都失败了；它绕着平台转了足足20分钟，还是没有办法爬上平台。于是，它停下来，环顾四周，忽然发现屋角有一块斜面板，沉思了片刻后，走到屋角，把斜面板推到平台旁边，安放好，然后从斜面板爬上平台，终于把箱子推到地板上来。实验成功了，前后一共花了半个小时。

计算机能否思维？这个问题争论至今已有40多年了，基本形成了3种观点：

①认为机器是不能主动思维的，机器的思维基本上是人类交给它的，机器是按照人的思维去思维。

②认为机器是可以思维的，而且比人更聪明，甚至认为在未来的时代，人造的理智生命计算机将可能会统治人类。

③认为机器可以模拟人的某些思维活动，但与人的思维是不同的，人工智能既有可能性，但又始终存在局限性。

这3种观点谁是谁非，我们不想去评说，随着计算机科学、控制论、信息论、仿生学等科学技术的发展，这场争论终将有个结果。但是不管怎么说，人类制造电脑、发展电脑，归根结底是要做电脑的主人，是让电脑为人服务，替人去思考，而绝不是做电脑的奴仆。

吉野屋是日本食品业的著名企业，老板松田瑞穗在创业时，是靠站柜台观察顾客得到信息作出决策起家的。可是后来买卖做大了，发了"快餐"之财后，于1978年10月企业装上了电脑系统。老板不但在办公室和家里都利用电脑终端设备掌握前一天的情况，对第二天作出决策，甚至在旅途上带着简易终端，随时根据显示数据作出决策。他完全泡在电脑提供的信息之中，犯了目的与手段混淆不清的错误，成了电脑的奴仆。一天，肉价上涨，他根据电脑提供的肉价信息作出食品上涨的决策。但别人店里的食品并没有涨价，他失去了顾客，无人问津，结果造成很大的经济损失。

　　法国一家畜牧业公司的老板也非常迷信电脑，忽视人的思考，一场突如其来的灾难使他遭受了巨大的经济损失。该公司以养牛、屠牛、以牛肉供应市场。他们在全欧洲50多个城市都设有信息网点，每天都收到各城市牛肉价格上下浮动的情况表。这个信息网使公司受益匪浅。根据电脑的分析资料，英国种牛价钱便宜，适应性强，生长期日增肉量，平均消费量综合指标最佳，所以购入"英国小牛"饲养是最佳方案。老板把电脑的决策当成自己的决策，只考虑了资料上的数据，忽略了英国种牛曾在1983年流行过一种"疯牛病"。大家知道，"疯牛病"是一种牛头部软组织疾病，有极强的传染力和遗传性，人吃了这种牛的肉也会被传染得病。正当该公司购入"英国小牛"养成成牛时，1996年3月整个欧洲再次暴发英国"疯牛病"事件，各国纷纷抵制英国牛肉。为了消除"疯牛病"的传染危害，全欧洲共消灭与英国种牛有关的470万头牛，一时间英国牛肉、牛内脏、牛骨髓等牛肉食品成了垃圾。这个法国公司也不例外，被强制销毁所有与英国种牛有关系的牛，结果造成严重的经济亏损。

上述两例表明，电脑只能是工具，是为人服务的，人在得到电脑的帮助后，一定也要进行自己的思考，要综合考虑做出决定。如果过分地迷信电脑，则可能使人失去主人主体的作用。

人的大脑是人体中最微妙的智能器官，它的重量仅是人身体的2.5%，可它却需要全身22%的血液，消耗人体从外界吸入的25%的氧气。它包含有100亿个神经细胞，每个神经细胞又与大约1 000个其他神经细胞相联系。人的大脑是越用越灵活，越思考越聪明。若能充分利用每一个神经细胞，人脑的存储信息能力可与1万台大型计算机的存储容量相媲美。而且人脑有两种思维方式：一种是形式化思维；一种是模糊性思维方式。当前的电脑仅能以逻辑运算方式进行形式化的"思考"。肯定地说，人脑远远胜过电脑，人是电脑的主人、主体。如果说电脑能够思维的话，那也是人脑把具有逻辑性、循序性和演绎能力的形式思维，通过经验归纳总结后教给了电脑。至于人的模糊思维方式，连人本身并未完全认识清楚，所以也无从教会电脑了。在这方面电脑有明显的缺陷。在电子计算机问世50周年之际，举行的人脑与电脑的智力较量就足以说明这个问题。

1996年3月，全世界关注的人脑与电脑的国际象棋比赛，是在32岁的国际象棋冠军卡什帕罗夫和IBM公司花了8年时间研制出来的超级电脑"深蓝"之间进行的。这台电脑每秒可以过滤10亿步棋位，比当前所有的棋赛电脑要快1 000倍，功能等于256台大型电脑同时在作业，其威力是相当惊人的；它采用了最先进的算法程序，应该说是至今为止"智商"最高的电脑。

整个比赛共下6局：卡什帕罗夫首战失利，先输一局。在这一局中，卡什帕罗夫使用了算步的战术，他的每一着棋可看到10步或11步之远。然而这偏偏使他犯了致命的错误，因为"深蓝"的拿手好戏就是运算，它可以计算到后15步，对于利害关系很大的走法将算到30步以后。结果卡什帕罗夫当然被电脑杀得一败涂地。第二局卡什帕罗夫改变了战术，他把功夫用在对棋局的整体综合判断上，而不是用在具体的棋步上，他使用模糊思维方式去考虑整盘棋的变化情况，不给"深蓝"以发挥经验和运算快的特长的机会，结果"深蓝"算不出他葫芦里卖的是什么药，被卡什帕罗夫扳回一局。

在以后的比赛中，卡什帕罗夫抓住了电脑"深蓝"的短处，发挥自己善于综合组织和综合分析判断的思考方式，积极主动地编排一个又一个作战方案，然后再去实施，争取主动。而"深蓝"只能机械地在无数的棋招中寻找相应的对策，濒于招架。最终卡什帕罗夫以三胜两和一负的成绩赢得这场人脑与电脑的较量。

IBM公司的设计专家在赛后表示：他们有信心，再过两年将推出更新的一代电脑。那时候的电脑可以像人脑一样具有综合判断能力，到时候再与棋手们一决高低。而参赛的卡什帕罗夫本人，深有感触地说："在快棋赛中，电脑有可能侥幸取胜。但是在严肃的、经典的比赛中，电脑在本世纪内根本没有赢棋的机会。"许多科学家在分析了整个比赛的情况后认为：卡什帕罗夫并非说大话，而是有科学根据的，人脑在积极组织、归纳总结、综合思考、合理布局、争取主动等方面都远远胜过当前最先进的电脑。这也说明了，虽然在某些方面，电脑已经超过人脑，如运算速度、精确性和记忆等，但无论电脑怎么完善，它始终只能接近人类，而不能完全代替人，超过人，因为它毕竟是人的智能劳动的结晶，是人脑的延伸。电脑不能取代人脑，电脑是人类的帮手、朋友和仆人，而人才是电脑的主人。

希望之星

　　科学家在展望未来世界时，不止一次地断言，21世纪将是人类历史最令人兴奋和最有希望的世纪，许多决定人类未来命运的发明将在21世纪实现，而未来社会的模式将是人+计算机+通讯，可见，计算机在未来社会的重要性。是的，当今世界科学技术各个领域的发展在很大程度上都得益于计算机的发展。工业、农业、商业及经济部门的进步均得益于自动化的实现，而自动化中唱主角的却是计算机。未来世界随着科学技术的飞速发展，计算机肯定会扮演越来越重要的角色。由于发展需要，人类对计算机提出了更高的要求。人们希望超高速、大容量、低功耗和超微型的新型计算机早日问世。为此，科技专家正在努力设计制造新型高效计算机，它们将是人类的希望之星。

第五代计算机。

开发研制第五代计算机是日本率先于1981年正式宣布的计划。该计划既有日本官方的资助，又有各大公司和研究部门的协作，共筹资1 000亿日元，计划用10年时间分3个阶段完成第五代计算机的研制：第一个阶段制成基于固件的推理超级个人计算机；第二阶段制成并行处理的推理机；第三阶段制成大型的知识处理计算机，最终建成通用推理机。以渊一博为首的40勇士，于1982年6月正式成立了日本"第五代计算机研究所"，并取得了许多宝贵的经验。1988年11月在第五代计算机国际会议上，该研究所制造的一台第五代电脑作了表演：对日本小学教科书中的一篇课文作了看、听、说的处理，很好地回答了代表们提出的问题。在日本的带动下，美国、英国、中国纷纷开始研制自己的第五代计算机，都取得了广泛的成果。

第五代计算机的含义，至今没有统一的看法。但是一般认为其主要特点：①高度智能化，具有听、写、说、看的功能，有学习、联想、推理和解决问题的功能；②改善软件环境减少软件负担，用自然语言进行人机对话；③综合性能好，高速、大容量、高适应性、高可靠性和高保密性。第五代计算机与前四代计算机有很大的不同，它突破了传统的诺依曼机概念，采用了高度并行处理方式。诺依曼机的工作方式是按照计算中操作的顺序编好程序，把使用的程序及要处理的数据变成0或1指令代码进行运算和存储，计算时依次从存储器中调出代码，一条一条地顺序执行。而第五代计算机，则是把许多处理机并联起来。即交叉连接起来，于是就可以并行处理信息了，处理信息的速度可以大大地提高。

第五代计算机不能仅仅理解为产生一个新系统，而应该看成一个全面的开发计划。它将会推动从集成电路到计算机硬件系统、软件系统以至于各种派生应用产品的全面开发。1992年夏季，日本正式宣布，终止第五代计算机研制工作，从而表明长达10年之久的第五代计算机没有成功。专家们承认，在10年内完成这样的高智能系统是不可能的。现在功能最强的计算机仍不能达到6个月婴儿的智力水平。看来研制新一代计算机的工作，还有很长一段路要走。

第六代计算机。

通过研究第五代计算机的经验，人们已经开始设计第六代计算机的研究方案了。第六代计算机是利用新型的硬件，模仿人脑的神经结构，开发出能辨别物体、能听懂声音、具有自己学习能力的"人工大脑"，也称神经电脑。

科学家认为：人脑有100亿个神经元和10亿多神经键，每个神经元都要与大约1 000个其他神经元相联系，而每一神经元都相当于一台微型电脑，这样就构成了协同工作的思维网络。如果用许多微处理机模仿人的神经元结构，采用大量的并行分布式网络就构成了神经电脑。神经电脑除有许许多多处理器外．还有类似神经元的节点，每个节点与许多节点相连。若把每一步运算分配给每台微处理器，它们同时运算，其信息处理速度和智能会大大地提高。

第六代计算机还有一个特点，它的资料和知识不是存在于存储器中，而是存在神经元间的联络网中。若有节点断裂，这种计算机仍有重建它的资料的功能，所以它具有修复性、容错性、高度联想性、视觉和听觉能力的计算机。第六代计算机的研究工作已经有了进展：1992年日本已经开发制造出神经电脑所用的大规模集成芯片，在这个1.5厘米见方的硅片上设置了400个神经元和4 000个神经键，应用这种芯片实现了每秒2亿次的运算速度。它的学习功能很强，能辨别多达40个字符的语言模式。美国研制的可用于翻译的神经电脑，具有模拟人脑"左脑"和"右脑"的功能。"右脑"是经验功能部分，有1万多个神经元，适于图像识别，存储基于经验的语句；"左脑"是识别功能部分，含有100万个神经元，用来存储单词和语法规则。这台翻译电脑有学习功能和积累经验的功能。在许多场合上能派上用场。

生物计算机。

自从1906年德福雷斯特发明了真空三极管，人们找到了快速的电子开关元件，从此产生了第一代计算机。随着科学技术的发展，人们嫌电子管不够快了，这样又相继发明了更快的、更有效的开关器件：晶体管、集成电路、大规模集成电路，从而使计算机不断地更新换代。在这些半导体材料上，缩短电子开关的响应时间，主要是靠增加开关元件的集成密集度达到的。但是在一块硅片上开关数不能无限制地增加，一毫米见方的硅片上最多能有几千万个元件已经达到极限，所以半导体开关器件的开关速度达到1纳秒（合十亿分之一秒）也已经不能再短了。要想制造出速度更快、更具有先进性的计算机，必须找到更有价值的、体积更小的、速度更快的新型开关技术。

科学家发现，蛋白质具有两种状态的开关特性。用蛋白质分子作开关元件做成的集成电路，称为生物芯片，用生物芯片制成的计算机称为蛋白质计算机，也称生物计算机。目前，使用某些蛋白质团制造的"开关装置"已经研制成功，可编程DNA链解课题已经取得突破。现已经生产出合成蛋白质芯片、遗传生成芯片、血红素芯片等等。研究成果表明，生物计算机与电子计算机是截然不同的，生物计算机的主要优点：蛋白质芯片1平方毫米可容纳数亿个开关电路，由蛋白质构成的集成电路大小相当于硅片集成电路的十万分之一，运算速度却只有1皮秒（万亿分之一秒）；生物计算机的存储点只有一个分子大小，所以具有巨大的存储能力，它的存储量一般是普通计算机的10亿倍。另外它在传递信息时，基本上不消耗能量；生物计算机还有一个优点，就是继承了生物基因具有自我组织、自我修复的功能，现在对生物计算机的研究和开发已经进入关键时期，人们盼望它早日问世，相信它会有很广泛的用途。

超导计算机。

超导计算机也是正在研制中的未来计算机的一种。所谓超导就是有些物质在接近绝对零度（相当于－269℃）时，电流流动是无阻力的。1962年正在英国剑桥大学攻读物理学博士学位的研究生约瑟夫森（**B.D.Josephoson**），通过理论计算，提出了超导隧道效应原理。所谓超导隧道效应，粗略地说是这样的：在两个金属（如铝、铅等）薄膜之间夹一层通过氧化方法形成的非常薄的、薄到只有几十埃（1埃=10^{-8}厘米）的绝缘介质层，组成一种"超导体—绝缘体—超导体"的结构（称为超导隧道结）。当此超导结两边加上电压时，电子便成对地，好像通过隧道一样毫无阻挡地穿过绝缘层，形成很小的电流（一般为几十微安），而两端没有电压，即出现零电压的电流。当然，当电流超过某一临界电流时，或从外部加上磁场使临界电流变化时，电子对即受绝缘层阻挡而在两端产生电压降，使之从零电压状态转变到有电压状态，这就是直流超导隧道效应。这一原理提出一年之后被实验证实是正确的。这位年轻的学者也因此于1973年获得诺贝尔奖。

由于约瑟夫森结在通有电流时具有从零电压转变到有限电压的性质，因此可以用来作为计算机中的开关元件和记忆元件，这种元件的响应时间仅为0.27皮秒。用约瑟夫森结制成的计算机，称为超导计算机。这种计算机有许多优点，耗电仅为普通计算机的几千分之一；执行一个指令只需1纳秒（十亿分之一秒），比普通计算机快10倍；超导结可以高密度集成；信号传输时不会产生畸变，也大大地减少元件间的相互干扰。

　　超导计算机解决了高速、低耗、微型三者之间的矛盾，所以有极大的优越性，各国研究部门争先恐后地研制这种计算机。日本电气技术研究所已研制成世界上第一台完整的超导计算机，它采用4个约瑟夫森大规模集成电路，每个集成电路芯片体积有3—5立方毫米大小，每个芯片上有上千约瑟夫森结。超导计算机以高速度、低功耗、高容量、超微型的特点，让人类看到了新一代计算机的曙光。

　　光计算机。

　　计算机专家开辟了另一新的研制下一代计算机的可行途径，用光来代替电子或电流，实现高速处理大容量信息的计算机，即光计算机。

　　1983年，英国赫里奥特—瓦特大学的德斯蒙德·史密斯（S.Desmond Smith）教授等人，成功地研制一种类似于电子晶体管的光晶体管，他们称之"变相管"。这种光晶体管是一块边长为几毫米的矩形锑化铟晶体。它有显著的非线性特性，当激光射入该晶体时，晶体的折射率就会随入射光的强度变化而变化。如果适当选择激光波长和控制光强，根据光的干涉作用，它就是一种能起开关作用的器件。它的透射光强随着入射光强的微小变化而产生极大的变化，开关时间仅有几皮秒，比电子晶体管快1 000倍。另外，由于光的独立传播性，当多束光同时入射晶体时，光子不发生碰撞，各光束可仍然保持各自的独立性，所以可以利用一单独光晶体管进行几项独立的开关操作，这样就能产生高速度的、并行处理的、无噪声、不发热、抗干扰的计算机。正因为如此，自20世纪70年代以来，美国、英国、苏联、日本及欧洲共同体一直在积极研究光计算机。目前的重点仍然是在完成光逻辑器件和光存储装置上，并已取得了较大的进展。欧洲共同体宣布拨款140万美元，采用史密斯等人发明的"变相管"制造光计算机。日本也已经研制成功一种叫"双稳态半导体激光器"的新型光开关和存储器元件，它可以实现光的放大，其开关时间小于1纳秒（十亿分之一秒），而非常容易被集成化，一旦完善了稳定可靠性技术，就可投入大批量、低成本生产，使光计算机进入具体设计实施阶段。许多科学家对光计算机表示了极高的热情，认为光计算机已呈现出现实的和令人鼓舞的前景。

人类把聪明教给计算机，计算机使人类更加聪明。电子计算机奇迹般地出现在我们面前已经50多年了，它是整个现代文明发展的产物。电子计算机正是在人类智慧创造中发展进步的，明天的计算机将会更加先进、更加有益于我们人类的进步。

世界五千年科技故事丛书

世界五千年科技故事丛书